研究者・技術者のための
文書作成・プレゼンメソッド

池川隆司 **Takashi Ikegawa**

日本評論社

まえがき

　本書は、以下の目的に沿って、著された。すなわち、学術論文、技術報告書、プレゼンテーション（以下、プレゼン）資料のような、研究者・技術者が日頃の業務で直面する技術文書の作成とプレゼンの技法（メソッド）に関するノウハウを読者に提供し、何よりも、これを読者が実践できるようにすることである。

　本書では、技術文書として、学術論文、学会発表予稿、特許明細書のような科学技術系文書のほか、電子メール、議事録、報告書のような業務上作成する文書を想定している。

　本書の主な利用者として、大学の高学年学生と大学院生そして若手の社会人を想定しており、大学・大学院の講義のみならず、企業での研修でも使っていただけるように工夫している。

　筆者が大手情報通信会社に入社した時、配属先のトップであった当時の研究開発本部長より受けた、以下の訓示が強く印象に残っている。

> 「心がけて頂きたいのは、自他ともに認める専門性を有した研究者になることである。研究者は、ある技術分野において自身の考え・意見を持つとともに、その本質を他者にわかりやすく説明できなければならない。これこそがテクニシャン（technician）との違いである」

　このような研究者を育成する企業文化の中で、筆者の技術文書作成やプレゼンのスキルは、以下の2つの場を通して、身に着けていくことができた。その1つは、上司や同僚の厳しくも暖かい指導・助言という、道場を通した基礎的な知識とスキルの修得である。他の1つは、他部署や他社のみならず学術団体（以下、学会）や国際機関のような、対外的な場での他流試合を通した応用的な知識と実践スキルの獲得である。

　大手情報通信会社を退職後、幸いにして、大学講師として、筆者が身に着けた技法を学生に継続的に指導する機会を得た。さらには、キャリアアドバイザーとして、エントリーシートの添削やジョブマッチングの予行演習のよ

うに、就職活動を行う学生に対しても、文書作成やプレゼンを指導する機会が多くなった。

これらの過程の中で、約30年間に及ぶ大手通信会社での業務を通して蓄積された技法・ノウハウを形式知化し、その形式知の学生への教授法を試行錯誤で確立させていった。さらに、試験やレポート等を通して、筆者の形式知である技法が、実践に極めて有効であることを確認できた。本書は、この形式知を体系化し、実践できるようにしたものである。

技術文書の作成やプレゼンの技法に関する書籍は、近年のコミュニケーション教育の重視もあって、ベストセラーである『理科系の作文技術』[1]を始め、多数出版されている。筆者による形式知の体系化では、先人による貴重なノウハウを多いに引用・参照させていただいた。引用・参照元の書籍や論文の執筆者には、感謝の意を表したい。

インターネットを中心とする情報通信技術(ICT：Information Communication Technology)の著しい発展に伴い、研究者や技術者を取り巻く環境は、名著[1]が出版された当時と比べて、大きく異なっている。このような状況を踏まえ、本書ではデジタルネットワーク社会の時代に即した内容となるように心掛けた。

文書の作成は創造的活動である。そして、その活動の成果物は知的財産となる。

利潤の獲得を主目的とする企業では、経営資源の1つである知的財産を厳しく管理する。当然のことながら、知的財産である技術文書を外部発表する場合は、社内の厳格な審査にもとづく決裁を必要とする。

そこで、本書では、知的財産戦略のような技術経営の知識や話題を、随所に盛り込むことにした。

本書が読者の技術文書を作成する時やプレゼンを準備する際に、手元に置く手引書としてお役に立てれば望外の喜びである。

東京大学駒場キャンパス、2018年1月23日(記録的大雪の翌日)

池川隆司

本書の構成

　本書は13章から構成されている。

　技術文書やプレゼンは、研究者・技術者が活動の場でコミュニケーションを実現する、最も重要な手段である。この手段を読者にわかりやすく解説するために、本書の内容は大きく2つに分けて構成されている。すなわち、前半では技術文書の基本的な文書作成技法を説明している。後半では、技術文書の具体的な形態の例（報告書、学会発表予稿、学術論文等）について必要となる要点を説明している。

　前半の第1章では、コミュニケーションの目的を明確にし、それを達成する手段を俯瞰する。その上で、コミュニケーションの1つの手段である技術文書の特徴を述べ、代表的な技術文書の基本形を概説する。

　技術文書作成やプレゼンにあたっては、読み手や聞き手の要件（ニーズ）を把握して、決められた期限までに高い品質の構成・内容の文書を作成しなければならない。第2章で、このための技術文書の作成手順を説明する。

　第3章と第4章では、技術文書を作成する際に留意しなければならない4つの基本要素について詳説する。その基本要素とは、正確（Correct）に、明瞭（Clear）に、簡潔（Concise）に、論理的（Logical）に、文章を書くことである。本書では、これを「技術文書作成の『3C＋L』ルール」と呼び、第3章で、内容を「正確に」かつ「明瞭」に伝えるための文章表現技法を、第4章で、「簡潔に」かつ「論理的に」技術文章を書く技法を説明する。

　グラフのような図や表は、科学的な実験や調査データの提示のために必須であり、著者の主張を正確に効率よく読み手に伝えるための基本的な手段である。そこで、第5章で、図表の作成技法を説明する。

　技術文書を作成する際には、他者の所有する知的財産や研究倫理に留意しなければならない。特に、学会発表予稿や査読付論文のような外部に発表する技術文書では、知的財産と研究倫理に細心の注意を払う必要がある。そこで、第6章で、知的財産と研究倫理の要点を解説する。

　以上の前半の基本事項にもとづいて読者が具体的に実践できるように、本

書の後半の第7章から第13章では、技術文書の代表例をあげて、その作成や発表に必要となる要点を解説する。

技術文書の代表例として、電子メール（第7章）、会議の議事録（第8章）、報告書（第9章）、学会発表予稿（第10章）、プレゼンのためのスライド集（第11章）、査読付学術論文（第12章）、特許明細書（第13章）を取り上げる。それぞれの技術文書には、目的に応じて基本形や作成ルールがあり、これらについて各章で具体的に説明する。

研究者や技術者には、自身の研究・開発成果を社内や学会等の発表の場で、プレゼンすることが要求される。プレゼンは聞き手の意思決定や情報収集において重要な役割を果たすため、研究者・技術者には、聞き手に応じたプレゼンスキルを身に着けることがきわめて重要である。そこで、第11章で、スライド集の作成技法に加え、プレゼン技法を詳細に解説する。

本書では、複数の章で共通する有益な情報や、本文中に収録すると説明の流れ上読者に違和感を与える情報については、付録に記載している。その情報として、PDCAサイクル（付録A）、論証のようなパラグラフ内の文章の構成方法（付録B）、発明における知的財産戦略（付録C）、学術論文での概要の作成技法（付録D）、ポスター発表技法（付録E）を取り上げている。

目次

まえがき……… i
本書の構成……… iii
目次……… v

第1章
コミュニケーションと技術文書……… 002

1.1 コミュニケーションの目的と手段……… 002
1.2 口頭と文書……… 007
1.3 技術文書の定義……… 009
1.4 技術文書の特徴……… 010
1.5 「3C+L」ルール……… 011
1.6 技術文書の分類……… 012
1.7 技術文書の基本形……… 016
1.8 文書モジュールの階層構造……… 026
1.9 技術文書作成のための技法・知識体系……… 029

第2章
技術文書の作成手順……… 032

2.1 基本要素 6W4H……… 034
2.2 技術文書を書くための 8 ステップ……… 035
2.3 読み手の要件定義と文書作成指針の立案……… 036
2.4 文書作成計画の立案……… 039
2.5 情報の収集と取捨選択……… 048
2.6 執筆……… 049
2.7 推敲……… 049
2.8 提出……… 051

2.9 校正…………052
2.10 広報・維持管理…………052

第3章
正確・明瞭な文章の作成技法…………053

3.1 主語と述語の正しい呼応…………053
3.2 表現の統一…………055
3.3 会話言葉の回避…………059
3.4 指示語の回避…………060
3.5 修飾語の適切な位置…………060
3.6 能動態と受動態の適切な使い分け…………061
3.7 読点…………062
3.8 明瞭な表現…………065

第4章
簡潔・論理的な文章の作成技法…………067

4.1 パラグラフレベル…………067
4.2 文レベル…………075
4.3 単語レベル…………084

第5章
図表…………085

5.1 作成手順…………085
5.2 図表を使用する場合…………087
5.3 図の種類…………089
5.4 表…………093
5.5 図表作成の基本規則…………094

第6章

知的財産と研究倫理……097

6.1 巨人の肩の上に立つ矮人……097
6.2 知的財産……099
6.3 著作権……106
6.4 引用……111
6.5 不正行為……117

第7章

電子メール……120

7.1 メールの構成……120
7.2 メールのエチケット……125
7.3 メールの読み手の要件と作成指針……127
7.4 わかりやすいメールの書き方……129
7.5 感情の表現……130

第8章

議事録と会議の効率的な運用……132

8.1 会議の種類……132
8.2 会議の実施形式……133
8.3 会議出席者の役割……134
8.4 議事録の作成技法……135
8.5 効率的な会議術……141

第 9 章
報告書……144

- 9.1 報告書の種類……144
- 9.2 事実と意見の区別……145
- 9.3 仮説立案と検証……149
- 9.4 報告書の作成技法……152

第 10 章
学会発表予稿……157

- 10.1 研究開発での予稿・論文の位置づけ……158
- 10.2 学会発表の目的……159
- 10.3 予稿と報告書の違い……161
- 10.4 査読の有無……164
- 10.5 予稿の種別……164
- 10.6 学会発表前の権利化……164
- 10.7 予稿の作成技法……165
- 10.8 IMRaD 形式……174
- 10.9 時制……175

第 11 章
プレゼンテーションとスライド集……177

- 11.1 技術文書とプレゼンの違い……178
- 11.2 スライド集の作成技法……179
- 11.3 プレゼンの要領……185
- 11.4 質疑応答の要領……188
- 11.5 予行演習……189
- 11.6 座長の役割……190
- 11.7 質問の要領……191

第12章
査読付論文……193

12.1 論文と予稿の違い……193
12.2 論文を作成する利点……194
12.3 論文投稿から掲載・公開までの過程……196
12.4 論文の作成技法……200
12.5 カバーレター……203
12.6 回答文……204

第13章
特許明細書……205

13.1 発明の判断基準……205
13.2 特許としての成立要件……207
13.3 明細書作成から特許公報掲載までの過程……209
13.4 明細書の作成技法……211

付録A　PDCAサイクル……217

付録B　パラグラフ内の文の展開順序と論証……226

付録C　発明の知的財産戦略……230

付録D　論文での概要の書き方……235

付録E　ポスター発表……238

参考文献……242
あとがき……248
索引……250

研究者・技術者のための
文書作成・プレゼンメソッド

第1章

コミュニケーションと技術文書

　企業活動を含む社会活動を円滑に行うための必須スキルとして、コミュニケーション能力があげられることは、言うまでもない。急速に発展し続けている人工知能が知的業務を代替するという予測が広がる中で、コミュニケーション能力は必要不可欠であることが報告されている[2]。

　この章では、コミュニケーションの目的やその手段を俯瞰するとともに、技術文書の特徴と分類、代表例と基本形、技術文書を作成するために修得しておくべき基本要素とその体系を説明する。

1.1 コミュニケーションの目的と手段

　コミュニケーションの目的は、「（複数の）相手に自身の考えや気持ちを正しく理解してもらうこと」である（図1.1参照）。この目的を達成する手段は、次の3つの過程から構成される。

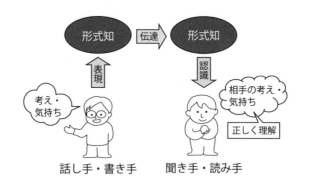

図 1.1　コミュニケーションの目的と手段

形式知化：話し手や書き手の自身の頭の中に入っている考えや気持ちを、第三者が文字・記号・図等で認識可能な実体(「形式知」と呼ぶ)として表現する。

形式知の伝達：話し手や書き手は適切な手段を使って、聞き手や読み手にこの形式知を伝達する。

形式知の認識：聞き手や読み手は、伝達された形式知を認識して理解する。

表現方法には、声(話し言葉)や文字(書き言葉)での表現、身振り・手振り等がある。伝達方法には、表現方法に応じてさまざまの方法がある(表1.1参照)。大事な点は、コミュニケーションの目的を効率よく達成するために、認識方法・能力を含む聞き手・読み手の特徴や立場を把握して、使用する伝達方法の特徴に応じて、主張点の表現方法を工夫することである。

表 1.1　表現方法に対する伝達方法

表現方法	伝達方法
音声化	会話、電話、テレビ会議等
文字化	手紙(手渡し／郵便)、電子メール、SNS(Social Networking Sevice)、小説、新聞、論文等
身振り・手振り	直接相手に伝達

例 1.1　読み手・聞き手や伝達方法の特徴に着目した主張点の表現方法

◉シーン I

あなたは、情報システムを開発する企業 A の技術者 X である。今回、企業 B から受注した情報システム α の開発担当を、直属の上司より命ぜられた。その最初の業務として、開発計画書の作成を行うこととなった。

社内規定では、最高技術責任者(CTO: Chief Technology Officer) Y が情報システムの開発計画案を決裁することを定めている。そのため、技術者 X は以下の作業を行うこととなった。

1. CTO Y へのプレゼンの日程を、電子メールを使って確保する。
2. CTO Y に開発計画をプレゼンし、実施可否を判断してもらう。

企業 A 内の技術者 X と CTO Y との効果的なコミュニケーションの

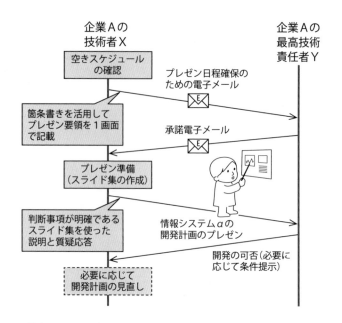

図 1.2 技術者 X と CTO Y とのコミュニケーション（情報システム α の開発可否判断）

例を、図 1.2 に示す。

電子メールによるプレゼンの日程確保：読み手である CTO Y は、多忙であり内部関係者である。多忙である読み手は資料の 1 ページだけを読んで、判断・意思決定や情報入手を行う[1]。伝達手段である電子メールでの 1 ページは、PC（またはスマートフォン）の 1 画面である。

上記を踏まえ、技術者 X は以下を心掛けて、CTO Y 宛ての電子メール文を作成すると良い。

- 読み手が内部関係者であるため、電子メール本文の冒頭部分は社内向けの簡単な挨拶文だけにとどめる。
- 読み手は多忙であるため、箇条書きを活用して、プレゼンの目的、日時・場所の候補等の要点だけを 1 画面に収めて電子メール本文に記載する。

開発計画の説明——プレゼン：聞き手である CTO Y は限られた時間

で、情報システム α の開発体制、スケジュール、リスク管理、利益率等の妥当性を判断し、最終的に開発計画案を決裁しなければならない。技術者 X が使用する伝達手段は、スライド集である文書と口頭を駆使したプレゼンである。

これらの聞き手や伝達手段の特徴より、技術者 X は以下の要領でスライド集を作成すると良い。

- 限られた時間内で CTO Y が正しく判断・決裁できるように、判断すべき要点を明確にする。
- その要点を図表等を使って CTO Y に訴求する。質疑応答に備え、詳細情報を参考資料として用意しておく。
- 役員レベルでも理解しがたい特殊な用語については、使用を避ける[2]。やむを得ず使用する場合は、スライド上にその用語の簡単な説明文を記載する。

◉シーン II

情報システム α を使用していた企業 B の社員 Z から、「情報システム α が動作しない」という連絡が企業 A に届いた。技術者 X がその不具合対応を担当することになった。

企業 A の技術者 X と企業 B の社員 Z (情報システム α の利用者)との効果的なコミュニケーションの例を、図 1.3(次ページ)に示す。

訪問による謝罪と不具合の把握:トラブル対応の初動の原則は、訪問による誠意を込めた謝罪である。このための伝達手段は、「顔の見える対話」である。この対話時、技術者 X には以下が求められる。

- 誠意を込めた言葉遣いや表情により、利用者 Z の信頼を得るとともに不具合の状況を正しく把握する。

---

1) 業務の効率化が求められる企業では、「主張点を一枚の分量でまとめる」ことが主流となっている [3, pp. 64-67]。
2) 聞き手は CTO であるため、基本的な技術専門用語を使っても良い。

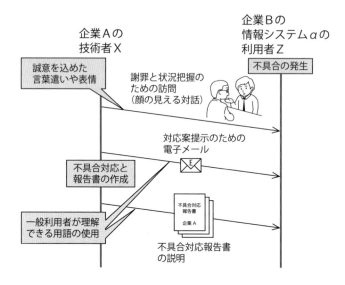

図 1.3 技術者 X と利用者 Z とのコミュニケーション（情報システム α の不具合対応）

- 企業 A を代表する立場として振る舞う。

電子メールによる対応案の提示：読み手である利用者 Z は、情報システムに精通しているとは限らない。このため、技術者 X は、利用者 Z が専門用語を理解できないことを前提として、不具合の対応案を提示する。

訪問による不具合対応結果の報告：前述と同様に、技術者 X は利用者 Z が理解できる言葉で不具合対応報告書を作成して、企業 B に出向き利用者 Z に不具合の要因や対応結果等を説明する。

コラム 1.1　暗黙知と形式知

　熟練工や匠の技のように、文書化されずに個人のノウハウとして蓄積されている（技術的）知識や情報を「暗黙知」と呼ぶ。日本の企業文化では、先輩の暗黙知を、指導を通して後輩へ伝承することが多い。

しかし、グローバル社会で企業が生き残るためには、暗黙知を文書のような誰もが認識できる知(形式知)として表現し、その形式知を誰もが共有できるシステムを構築しなければならない。この意味からも、暗黙知を形式知に表現し、形式知を他者に誤解なく伝達する技法の修得は、研究者や技術者にとってきわめて重要である。

1.2 口頭と文書

伝達方法としての口頭と文書の比較を表 1.2 に示す。

表 1.2 口頭と文書の比較

	伝達方法	
	口頭	文書
伝達方向	双方向	片方向[a]
記録	困難[b]	容易
複製	困難[b]	容易

a) 近年、チャットのような文字を使いながら双方向で情報交換する伝達手段が登場した。しかし、日常生活での文書のやりとりのほとんどが片方向の伝達である。
b) スマートフォンのような多機能のデジタルメディア端末により、写真撮影や録画・録音が容易となり、さらに複製も容易になった。しかし、講演会場では、主催者から許可を得た報道関係者以外の聴講者は通常、「写真撮影・録画・録音の禁止」である。

相手と音声を使って情報交換する「口頭」による伝達の方向は、双方向である。このため、話し手は聞き手の特徴や理解の様子を、実時間で把握できる。すなわち、聞き手からのフィードバックを直ちに得ることができるため、そのフィードバックをもとに、直ちに会話内容の修正や補足が可能である。

一方、文書の伝達は書き手から読み手への片方向である。そのため、書き手は読み手からのフィードバックを得られない、もしくは得られるまでに相当な時間のずれを要してしまう。よって、文書には、誤解や理解困難を読み手にもたらしたとしても、文書内容を「直ちに」修正や補足することは困難であるという弱点がある。

しかし、文書は記録や複製が容易であるという強みを持つ。デジタルネッ

トワーク社会では、この強みはさらなる威力を発揮するようになった。今日、誰でも自由にデジタル文書を閲覧できる環境が整備された。

その反面、誤ったデジタル文書は世界中に拡がり、永遠に残ってしまう恐れが高くなった(コラム1.2参照)。よって、デジタル文書の作成では、自身や所属組織の信用を落とさぬよう、高い品質の文書作りを心掛けねばならない。

コラム 1.2　デジタルタトゥーとTED

デジタルネットワーク社会での文書は、複製され続け入れ墨(タトゥー：tattoo)のように完全に削除できない。この意味から、デジタル化された文書を「デジタルタトゥー」と呼ぶ(Webページ[4]参照)。

軽い気持ちでSNSに投稿した文書や写真は、瞬(またた)く間に拡散されてしまう。時に、何十年にもわたって不名誉な情報が世に残ってしまう恐れがある。これはICTがもたらした負の側面である。

デジタルタトゥーは、TED(Technology, Entertainment, Design)の講演で紹介された。このTEDは、価値あるアイデアを、講演を通して世に広めることを目的とするアメリカの有限責任会社(LLC：Limited Liability Company)である。あらゆる分野の権威者が講演を行っている。その講演はWebサイトを通して無料配信され、NHK教育テレビでも放映されている。

アイコンタクト(注11.3参照)のようなプレゼンの基本技術を巧みに使い、聴講者を魅了させるTED講演からは、学ぶことが多い。プレゼンを苦手とする読者は、ぜひTED講演を視聴して欲しい。

一方で、娯楽の要素が強いTED講演で用いられるスライドは、極限まで情報量を減らしている。さらに、ユーモアで観客を一体化させる演出・筋道での講演が多い。娯楽性の要素が希薄である学会会合や大学での研究成果の発表では、TED流のスライド作成や講演のスタイルを直接適用することは好ましくない。

1.3 技術文書の定義

　技術文書作成の技法等を体系化した書籍や解説類において、対象とする技術文書の定義は時代とともに大きく変わっている[5, 第1章]。約30年前までは、技術文書を論文や特許明細書のような科学・技術情報を含む文書(「科学・技術文書」と呼ぶ)として定義していた。

　科学・技術文書での作成技法の目的は、情報を読み手に正確にかつ効率的に伝えることである。この目的は、正確で高い効率性が求められる企業活動での文書作成と合致する。そのため、今日での技術文書の定義は大きく拡がっており、科学・技術文書に留まらず、電子メール、議事録、報告書のような業務上やりとりされる文書も、技術文書の定義に含まれるようになった。

　本書では、この定義を踏襲し、研究者や技術者が作成する機会が多い「取扱説明書、電子メール、議事録、報告書、学会発表予稿、査読付学術論文、特許明細書、プレゼンのスライド集、ポスター」を取り上げ、これらの作成技法を解説する(図1.4参照)。

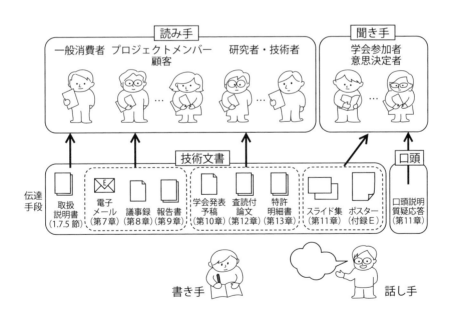

図1.4 本書で取り扱う技術文書の例
　【注】各技術文書名の下に、( )付けで本書内で該当事項を記載している箇所を示した。

1.4 技術文書の特徴

技術文書の特徴を明らかにするために、技術文書、報道文書、評論文書と文芸文書の比較結果を表 1.3 に示す。

表 1.3 技術文書、報道文書、評論文書と文芸文書の比較

	技術文書	報道文書	評論文書	文芸文書
例	論文、学会発表予稿、特許明細書、取扱説明書、報告書	新聞、雑誌	評論(文芸評論等)、書評	小説、随筆、戯曲
伝える情報の中身	客観的で妥当性のある新しい知見、発見、考え方	発生した事実・事件	ある事柄に対する、善悪や価値にもとづく判断や批評	主観的に創造された物語
目的	情報を読み手に正確にかつ効率よく伝えること		著者の見解を読み手に訴えること	著者が作成した心の中の世界を読み手の心の中に再現させること
読み手ごとの解釈	異なってはならない	記事の解釈は読者にゆだねられている	異なっても良い	
形式	基本的な形式がある	新聞には基本形がある a)。一方、雑誌類は自由である	自由である	
全体の論理的流れ	起承(承)結	原則、起承(承)結である		起承転結

a) コラム 1.5 に示すように、新聞には基本形が存在する。新聞では、体言止めの多用や常体と敬体の混在により、文章にメリハリをつけている。よって、新聞の表現技法は技術文書と一部異なる。

文芸文書では、情緒的なイメージを読み手に想像させることを目的とするため、読み手の解釈は異なっても良い。一方、技術文書や報道文書では、(客観的)情報を読み手に正確にかつ効率よく伝えることを目的とする。

技術文書では、疑問や複数の解釈の余地を読み手に与えてはならない。特に、取扱説明書では、誤った解釈により読み手に事故が発生した場合、PL(Product Liability：製造物責任)法により、賠償等の書き手の責任を問われる可能性がある。

報道文書の記事は、私情を交えず事実を伝えるのが原則である。しかし、報道機関の思想が程度の差はあれ記事に反映されることがある。そのため、

最終的な記事の解釈は読者にゆだねられている[3]。

　新聞のような報道文書や技術文書には、種類ごとに慣習的または意図的な基本形がある（1.7節参照）。一方、文芸文書は自由形式である。

　読者が意外な展開を期待する文芸文書の論理構成は「起承転結」である。一方、技術文書の論理構成は「起承（承）結」である。なぜなら「転」があると、途中で論点が変わるため読み手が混乱し、技術文書の主目的である「効率よく情報を伝えること」に反するからである[4]。

　評論や書評のように、ある事柄に対して価値や優劣等を批評して論じる文書を「評論文書」と呼ぶ。評論文書は、表1.3に示すように、技術文書・報道文書と文芸文書の中間に位置づけられる。

注1.1　技術文書作成での文才の必要性

　芸術的要素の強い文芸文書の質は、書き手の特別な才能いわゆる「文才」に大きく依存する。一方、読み手にとってわかりやすい文章の作成が求められる技術文書の質は、さほど文才に依存しない。よって、文才が少なくても、本書で解説する技法・知識の修得によって、技術文書の質は大きく向上することが期待される。

1.5　「3C+L」ルール

　情報を読み手に正確にかつ効率よく伝えなければならない技術文書では、「正確に」(Correct)、「明瞭に」(Clear)、「簡潔に」(Concise)という、以下の3C要素を念頭に置かねばならない[5,7]。

　　Correct：技術文書の作成では、文書の内容自身が正しくかつその表現方法が文法的に正しいことが前提となる。さらに、文法的に正しくとも、

3）最近、意図的にフェーク（偽）ニュースを流すWebサイトや報道機関が、急速に増加している。これは読み手に誤った解釈をもたらすものである。よって、読み手は報道記事の真贋を見極める知識や判断能力を高める必要がある（注9.1参照）。
4）指南書[6]においても、技術文書を含む知的文書では、「起承転結」の「転」は不要であり、「起承転結」ではなく「起承『展』結」とすべきと説いている。

誤解や違和感を読み手に与えてはならない。よって、正確に書くことは、3つのCの中で最も重要な要素となる。
Clear：技術文書は、誰が読んでも同じ内容として理解される必要がある。明瞭に書くことを心掛けると、複数の読み手ごとに異なる解釈によって生じる誤解を、減らすことができる。
Concise：簡潔に書くことを心掛けると、技術文書の正確性と明瞭性が向上し、読み手の理解の効率化を実現できる。

本書では、論理的な記述により、読み手を説得させる必要がある論文や特許に関する文書も対象としている。そこで、上記の3Cに加えて、「論理的」(Logical)な文章の作成を心掛けねばならない。さらに論理的に記述することにより、文書の正確性と明瞭性も向上する。
本書では、この4つの文書作成ルールを「3C＋L」ルールと呼ぶことにする。

1.6 技術文書の分類

原理的な発見や発明を狙った活動を開始してから、それをもとにした製品が市場に浸透するまで、「研究 → 開発 → 製造 → 販売・維持管理」の段階を踏む[5]。この活動の段階ごとに、さまざまな技術文書がある。

本節では、まず、研究者と技術者の関わりが深い「研究と開発」について解説する。次に、研究から販売・維持管理までの活動の段階、読み手や聞き手の所属（内部または外部）、プレゼンの要否の観点で、技術文書を分類する。

1.6.1 研究と開発

「研究開発」は一つの用語として用いられることが多い。しかし、研究と開発は明確に意味が異なり、次のように定義づけられている。

研究(research)：新原理の発見や新技術の創造を目的とする活動であり、長期的な計画で実施される。
経済協力開発機構(OECD)の定義に従うと、研究は次のように基礎研究と応用研究とに大別される[8]。

基礎研究(basic research)：応用を直接狙うことなく、仮説や理論の形成または新しい知識の獲得のために行う、理論的または実証的研究である。純粋な好奇心から生まれる研究の多くは基礎研究である。

　大学で対象とする研究の中心は、基礎研究である。これは、基礎研究による成果を主対象とするノーベル賞受賞者のほとんどが、大学関係者であることからも容易に類推できる。

応用研究(applied research)：基礎研究によって得られた成果を利用し、成果の利用の目標を定めて実用化の可能性を確かめる研究や、既に実用化されている方法において新たな応用方法を探求する研究である。

　成果の出口を求める企業での研究では、応用研究が主体となる。

開発(development)：基礎研究・応用研究の成果をもとに、実用化を狙って新しい材料、装置、システム等を製品として製作する、またはこれらの既存品の改良を目的とする活動を意味する。開発は短期的な計画で実施される。

1.6.2　分類と事例

　技術文書の分類と事例を図1.5に示す(次ページ)。以下、前述した観点での分類とその事例を説明する。

活動の段階ごとによる分類：活動段階の位置づけにより、研究者や技術者が作成する技術文書は異なる。例えば、研究や開発段階での成果をまとめた技術文書として、論文や特許庁に出願する書類一式(ここでは「特許明細書[6]」と呼ぶ)がある。これらは専門家向けに形式が決められた文書

---

5) 研究から販売・維持管理までのすべての部門を有する企業は、大手に限られる。その場合も、各部門は別会社のグループ企業体として運営するのが普通である。多くの企業では、規模と経営資源(知識、人材、技術、財源、設備等)の制約から、一部の部門(機能)に特化する経営戦略をとる。例えば、例1.1であげた情報システムを開発する企業の多くは、研究部門を持たない。

6) 特許庁に出願する書類は、1) 発明者名を含む特許願、2) (複数の)請求項からなる特許請求の範囲、3) 発明の名称、技術分野、背景技術、先行技術文献、発明の概要、実施例を含む明細書、4) 図面、5) 要約書、から構成される。本書では、この書類一式を「特許明細書」と呼ぶ。

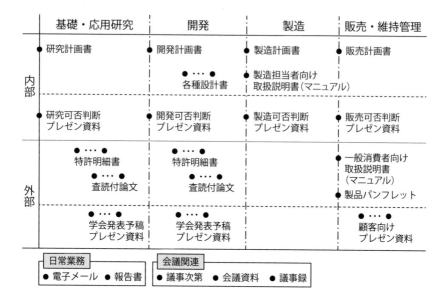

図 1.5 技術文書の例
【注】破線の上部はプレゼンを伴わない技術文書を意味し、破線の下部はプレゼンを伴う技術文書を意味する。

である。

一方、販売・維持管理の段階で作成する技術文書の代表例として、一般消費者向けの商品取扱説明書や製品パンフレットがある。これらも技術文書の一種である。しかし、その形式は比較的自由である。

プロジェクトを立ち上げる時あるいは次の段階に進む時、その目的の達成方法等をまとめた計画書を作成する。一般に、簡単には次の段階に進むことができない。つまり、一連の段階の節目に難所が待ち受けている(コラム1.3参照)。

そこで、プロジェクトを成功裏に終了させ、次の段階に円滑に移行させるためには、その難所の克服方法を含めて、多方面から具体的に検討し、これを計画書に盛り込むことが肝要である[7](注1.2参照)。

内部／外部による分類：技術文書を、読み手が書き手の所属する組織の関係者である内部文書と組織外となる外部文書とに大別できる。

内部文書：書き手と読み手が同一組織に属しているため、両者の組織への貢献・帰属の意識はほぼ一致する。そのため、書き手は読み手の思考パターン等の特徴を、容易に把握しやすい。

さらに、業務の効率化の観点から、文書の品質より、迅速な提出が要求されることが多い。

外部文書：外部文書の読み手は不確定要素が多い。そのため、書き手にとって、読み手の性格・特徴の把握は難しくなる。

さらに、外部の目にさらされる外部文書は、内部文書と比べて高い品質が求められる。その上、知的財産や研究倫理の扱いについて、公開する前に慎重に検討しなければならない。

プレゼンの要否による分類：決裁を必要とする内部文書では、決裁権者を含む会議の場でプレゼンすることが多い。これは、決裁権者が、会議の場で提案内容の要点を正確に把握し、疑問や問題点については質疑応答を通して解決を図り、その場で判断や意思決定を行うからである。決裁権者は、会議の出席者の意見のみならず発表者の人柄や情熱も判断材料にするからでもある。

学会発表や顧客への提案のように、外部関係者にもプレゼンをすることがある。特に、顧客は決裁権者と同様に、プレゼンの内容に応じて、判断や意思決定することが多い。

以上の例のように、プレゼンは聞き手の判断・意思決定の際に重要な役割を果たすことから、研究者・技術者には、聞き手に応じた技術文書の作成と口頭発表・質疑応答のスキルを身に着けることがきわめて重要である。

1.3 節で述べた技術文書の定義に従い、業務中の会議のために作成する議事次第、会議資料や議事録および業務上他者とやりとりするために作成する

---

7) 計画自身は、きわめて重要な作業である。しかし、その計画に多大な時間を費やし、計画を実行する時間がなくなってしまい、結果的にプロジェクトが失敗してしまうことは本末転倒である。PDCA サイクルを十分に実践できるよう、計画に割り当てる時間配分に気を配らなければならない（注 A.1 参照）。

電子メールも技術文書の一種である(図1.5参照)。

> **注1.2　PDCAサイクル**
>
> 　綿密な計画を立案したとしても、外部環境等の変化により、当初の計画通り実行できるとは限らない。そこで、計画(Plan)を立案後、その計画に従って実行(Do)し、定期的に進捗状況を評価・点検(Check)し、必要に応じて改善(Act[8])を行う、PDCAサイクルを繰り返すことが重要である。PDCAサイクルの詳細については、付録Aを参照して欲しい。

コラム1.3　研究成果が結実するまでの3つの難所

> 　研究の開始後、成果が製品化に結びつき市場を獲得するまでには、3つの大きな難所がある。最初の難所は、研究から開発段階に進む前に横たわる「魔の川」(Devil River)である。この川を渡りきり実用化の段階に進もうとすると、深い「死の谷」(Valley of Death)が待ち受けている。多くの研究プロジェクトが、この谷に転落し這い上がれない憂き目にあう。谷を乗り越え製品化にこぎ着けても、他者との競合や顧客の信頼獲得という荒波にもまれる「ダーウィンの海」(Darwinian Sea)が広がる。
>
> 　プロジェクトマネージャーのような上級の研究者や技術者は、これらの難所を乗り越えるために、さまざまなリスクへの対策を含めた計画案を策定し、プレゼンを通して経営陣を説得させるスキルを必要とすることは明らかであろう。

1.7　技術文書の基本形

1.4節で、技術文書には種類ごとに基本形があることに触れた。基本形を設けることによる効果は次の通りである。

- 書き手は、基本形の要素の検討に集中できるため、執筆の効率が向上する。

● 読み手は、論理的に整備されている基本形を使うことにより、文書の内容を効率よく理解できる。

例えば、研究成果をまとめた学術論文では、論理的な業界標準の形がある。さらに、投稿先の論文誌ごとに標準の雛形（テンプレート）がある。特許明細書のような技術文書では、専用の様式が法的に定められている。

本節では、前節で説明した技術文書の中で代表的な例である、論文（学会発表予稿を含む）、特許明細書、プレゼン資料、議事録、取扱説明書の基本形を概説する。

1.7.1　論文

研究・開発段階での成果を外部発表するために論理的にまとめた文書を、「論文」と呼ぶ。

論文の例を図 1.6（次ページ）に示す。基本的な流れは、「表題 → 名前（所属）→ 概要 → 序論（はじめに）→ 本論 → 結論（おわりに）→ 謝辞 → 参考文献」である。論文の目的は、読み手を説得させることである。そのため、論文では論理性の高い文章の記述が求められる。

前述した論文の流れは万国共通である。英文の実験系論文では、節の見出しまで決められており、その形式を「IMRaD」と呼ぶ。IMRaD（イムラッド）とは、見出しの集合体「Introduction, Methods, Results, and Discussion」での各単語の頭文字を取った略語（つまり頭字語）である[10, pp. 16-22]。IMRaD形式については、10.8 節で解説する。

ICT の進展に伴い論文のデータベース化が促進された。論文の読み手である研究者や技術者は、膨大なデータから読むべき対象を選択しなければならない。

読み手による論文の取捨選択の流れを図 1.7（019 ページ）に示す。その流れと論文の構成とは異なることを理解して欲しい。視覚的に理解できる図表については、本論より先に見る傾向にある。序論（はじめに）の節には、論文

---

8)　「Action」を用いる文書が多く見受けられる。3.2.2 節で述べる並列法に従うと、「Act」が正しい。

図1.6 論文の例
【出典】拙稿[9]をもとに作成
Copyright © 2011 IEICE　許諾番号：17KA0084

が書かれた背景や目的が記載されているため、読み手は序論を丁寧に読むことが多い。

　正式の学術論文以外に、学会が主催する会合（研究会や全国大会等）の参加者に（電子的に）配布する1ページ程度の資料がある。これを「学会発表予稿」（以下、予稿）と呼ぶ。これも広い意味での論文であり、会合ごとに雛形が用意されている。

　参加者は、聴講する発表の選択や発表内容の理解促進のために、予稿を読むことが多い。第10章では、この予稿の作成技法を説明する。

　論文には、掲載もしくは学会発表するにあたって、専門家による審査を必要とする場合がある。このような論文を「査読付論文」と呼ぶ。査読付論文では、予稿と比べて、高い品質（新規性、有効性、信頼性、了解性等）が求められる。

　査読付論文は、第三者の審査により一定の品質が保証されるため、研究成果として高く評価される。よって、予稿以上のエネルギーと注意を払って、査読付論文を作成しなければならない。当然、査読者にもそれだけの技量と責任が要求されている。第12章では、査読付論文の作成技法を説明する。

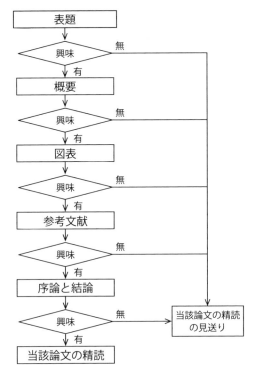

図 1.7 論文の取捨選択の流れ

1.7.2 特許明細書

　従来にはない画期的なアイデア（すなわち高度な発明）を考案しただけでは、特許として権利化できない。論文等を使ってその発明を公開しても、考案者には権利は発生しない。権利化するためには、その発明を文書化した特許明細書を特許庁に出願し、所定の審査を通過させる必要がある。

　特許出願する前に、論文やインターネット等を使って当該発明を公開すると、例外措置を除いて無効となってしまう。これは、公開により公知となってしまい新規性を喪失してしまうからである。

　特許明細書は、出願日から1年6ヶ月後に「特許公報」で掲載され公開される。公開された特許明細書の基本的な流れは、「出願日 → 発明者 → 発明の名称 → 特許請求の範囲 → 明細 → 図表 → 発明の概要」である（次ページ図

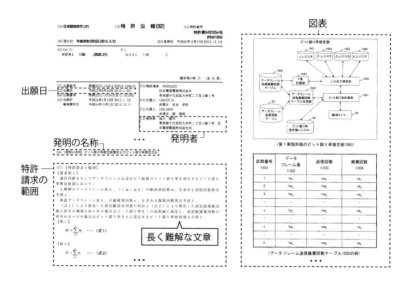

図 I.8 特許明細書の例
【出典】筆者の特許明細書[11]をもとに作成

1.8 参照)。

特許明細書は、技術文書であるとともに法律文書である。よって、特許請求の範囲等の記述は、法律文書独特の難解な文章になってしまう。

同一の発明が複数存在した場合、日本では「先願主義」にもとづき最初に特許庁に出願した発明に対して、一定の期間、特許の権利が与えられる。よって、特許明細書での出願日が重要な意味を持つ[9]。

特許明細書での作成項目は基本的に、査読付論文と一致する。そこで、特許明細書の作成技法を査読付論文の作成技法と重ね合わせて、第 13 章で説明する。

法的文書としても位置付けられる特許明細書の作成では、その専門家である「弁理士」に依頼することが多い[10]。このため、申請にあたって弁理士による作成費用を含めて、数 10 万円の経費が必要となる。さらに特許化後、特許庁に支払う維持費も無視できないことや、他者の特許侵害を立証するための経費を考えると、発明を考案したとしても特許化せずに秘匿化する戦略も有効な場合がある。つまり、費用対効果を熟慮した上で、申請の可否を決定しなければならない。このような発明の知的財産戦略を付録 C で解説する。

コラム I.4　オープンイノベーションと産学協働

　日本の大手企業では、研究・開発から販売・維持管理まで、企業内もしくはそのグループ企業体の経営資源に頼る「自前主義」が主流であった。昨今、市場のグローバル化や消費者ニーズの多様化に伴い、企業の取り巻く環境は大きく変化した。そこで、必要な技術や知識を企業外から取り込み、技術革新や新規事業の創出につなげる「オープンイノベーション」(open innovation)[11]の試みが活発となっている。

　「学」(大学)には、基礎研究における豊富な知識を有する。一方、「産」(企業)には、開発や製造において豊富な知識や設備を持つ。双方の強みを持ち弱みを補完する関係を構築できる「産」と「学」の協働はオープンイノベーションの好例である[9]。後述するコラム 1.5 内の新聞記事で掲載する、ノーベル物理学賞受賞者赤﨑勇の所属していた名古屋大学と豊田合成株式会社による青色発光ダイオード(LED)の製品化は、産学協働の成功事例の1つである[12]。

　オープンイノベーションを成功させるためには、自組織の核となる技術を特許として権利化しておく、または秘密情報を関係者以外に漏洩させないよう秘密保持契約を締結する等の知的財産戦略が重要なカギとなる。

I.7.3　プレゼン資料

　プレゼンとは、自身の研究成果や企画等を聞き手に理解させるとともに、必要に応じて適切な判断や意思決定を求めるために、口頭のみならずプロジェクター等の視聴覚ツールをも活用して説明することである。

　プレゼンの主たる伝達手段は口頭である。スライド集のような聞き手の視覚に訴求する文書であるプレゼン資料は、補助的な位置づけである。限られ

---

9) 権利が付与される期間を「存続期間」と呼ぶ(注 6.3 参照)。この期間は国により異なる。現在、日本での存続期間は、出願の日から 20 年である。
10) 作成や出願に協力した弁理士の名称は、特許明細書での代理人の項目に記載される。
11) ここでの「オープン」とは、「開かれた」の意味である。自前主義によるイノベーションを意味するクローズド(closed)イノベーションと対比して用いられる。
　　イノベーションは当初「技術革新」として訳されていた。つまり、革新の対象を「技術」としていた。最近、革新の対象の範囲は拡がっており、制度や組織も含むようになった。

た時間で説明することが求められるプレゼン資料は、要点だけに絞り簡潔・明瞭でなければならない。

　プレゼン資料の例を図1.9に示す。プレゼン資料の基本的な流れは、「表題 → 名前（所属）→ 目次 → 序論（背景等）→ 本論 → 結論（まとめ）」である。プレゼン資料の基本的な流れは、論文の流れとほぼ同じである。

　しかし、各パートでの説明の分量は、論文とプレゼン資料とで大きく異なる。プレゼンの聴講者（聞き手）は、研究の背景、発表の目的、結果に興味があるため、それらに関する分量を多くする必要がある。

　プレゼン資料は、スクリーン上に映された画面となるスライドの集合で構成される[12]。見ただけで理解が可能であるスライドの構成要素は、表題と図表またはキーワード（またはキーワードを含む箇条書きの文章）である。

　口頭による説明内容は、その場で消えてしまう。この弱点を補いプレゼンの理解を助けるために、スライド集そのものやその要約を聴講者に配布することもある。さらには、聴講者の備忘録のためや、プレゼンの場に参加できなかった者への情報共有や情報発信のために、発表者がスライド集をWebサイトを使って公開することが多くなっている。そこで、スライドの内容を簡潔に要約した文であるリード文を加えることによって、読み手の理解度を高める工夫を施す傾向にある（図1.9参照）。

　スライド集の作成技法および講演や質疑応答の要領を、第11章で説明する。

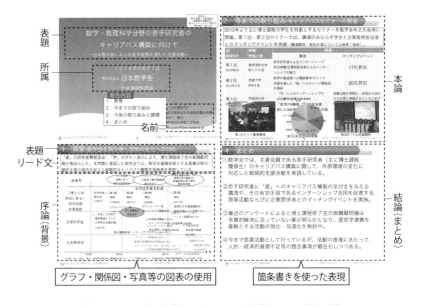

図 1.9 リード文が記載されたプレゼン資料（スライド集）の例
【出典】筆者の講演資料[13]をもとに作成

コラム 1.5 新聞記事の基本形

　表 1.3 に示したように、新聞記事にも基本形がある（次ページ図 1.10 参照）。基本的な流れは「表題 → 副題 → リード文 → 詳細な内容」である（小さな記事では副題とリード文が省略される）。記事の内容を簡潔に要約した文章を「リード文」と呼ぶ。この流れは論文やプレゼン資料と同様である。

　リード文には、「誰が（who）、いつ（when）、どこで（where）、何を（what）、なぜ（why）、どんな方法で（how）行ったか」すなわち 5W1H の要素をできる限り網羅することが推奨されている[1, p.27]。5W1H を拡張した 6W4H については、2.1 節を参照して欲しい。

---

12) プレゼンには、視聴覚ツールを用いてスライドを紙芝居のように上映させる方法とポスターのような 1 枚の紙を使って説明する方法がある。学会会合での口頭発表やビジネスの会議では、前者が主流である。後者は、ポスターセッションのような学会発表や製品発表のような展示会の場で使用される。本書では、前者のスタイルによるプレゼン技法を第 11 章で詳細に説明する。ポスター発表によるプレゼン技法の簡単な説明については、付録 E を参照して欲しい。

図 1.10　表題・副題・リード文が記載された新聞の例
【出典】『朝日新聞』2014 年 10 月 8 日 [14] をもとに作成

1.7.4　議事録

　会議の内容の記録を「議事録」と呼ぶ[13]。

　議事録の例を図 1.11 に示す。議事録の基本的な流れは、「日時 → 場所 → 出席者 → 議事」である。

　議事では通常、箇条書き中心の簡潔な表現を用いる。特に、効率性が求められる内部向けの議事録は、要点だけをまとめた議事「メモ」で十分である。

　トラブルが発生した時、議事録を法的証拠として用いることがある。そのため、会議の日時、場所、出席者を議事録に記載することが慣例となっている (注 8.5 参照)[14]。特に、外部者との会議の場合、議事録に含む内容や書き方については、さらなる注意を必要とする。

　議事録の作成技法および会議の効率的な進め方を第 8 章で説明する。

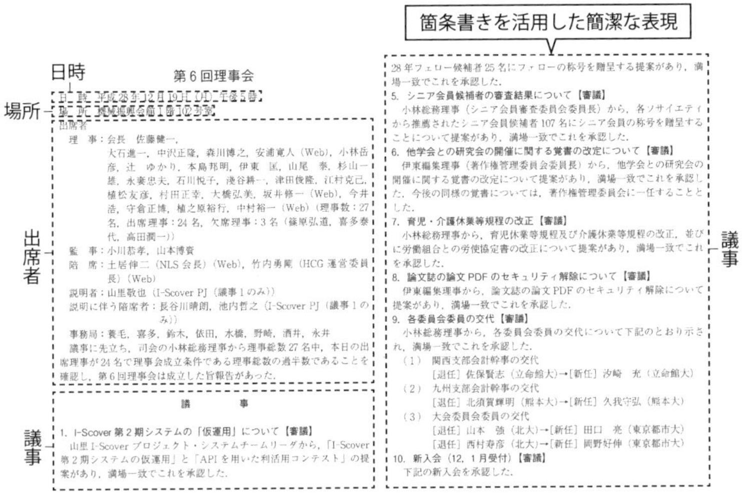

第6回理事会

日　時　平成28年12月19日（月）午後5時

場　所　機械振興会館1階102号室

出席者

理　事：会長　佐藤健一，
大石進一，中沢正隆，森川博之，安浦寛人（Web），小林岳彦，辻　ゆかり，本島邦明，伊東　匡，山尾　泰，杉山一雄，永妻忠夫，石川悦子，淺谷耕一，津田俊隆，江村克己，植松友彦，村田正幸，大橋弘美，坂井修一（Web），今井浩，守倉正博，植之原裕行，中村裕一（Web）（理事数：27名，出席理事：24名，欠席理事：3名（篠原弘道，喜多泰代，高田潤一））

監　事：小川恭孝，山本博資

陪　席：土居伸二（NLS会長）（Web），竹内勇剛（HCG運営委員長）（Web）

説明者：山里敬也（I-Scover PJ（議事1のみ））

説明に伴う陪席者：長谷川晴朗，池内哲之（I-Scover PJ（議事1のみ））

事務局：養毛，喜多，鈴木，依田，水橋，野崎，酒井，永井

議事に先立ち，司会の小林総務理事から理事総数27名中，本日の出席理事が24名で理事会成立条件である理事総数の過半数であることを確認し，第6回理事会は成立した旨報告があった．

議　　事

1. I-Scover第2期システムの「仮運用」について【審議】
　山里I-Scoverプロジェクト・システムチームリーダから，「I-Scover第2期システムの仮運用」と「APIを用いた利活用コンテスト」の提案があり，満場一致でこれを承認した．

28年フェロー候補者25名にフェローの称号を贈呈する提案があり，満場一致でこれを承認した．

5. シニア会員候補者の審査結果について【審議】
　小林総務理事（シニア会員審査委員会委員長）から，各ソサイエティから推薦されたシニア会員候補者107名にシニア会員の称号を贈呈することについて提案があり，満場一致でこれを承認した．

6. 他学会との研究会の開催に関する覚書の改定について【審議】
　伊東編集理事（著作権管理委員会委員長）から，他学会との研究会の開催に関する覚書の改定について提案があり，満場一致でこれを承認した．今後の同様の覚書については，著作権管理委員会に一任することとした．

7. 育児・介護休業等規程の改正【審議】
　小林総務理事から，育児休業等規程及び介護休業等規程の改正，並びに労働組合との労使協定書の改正について提案があり，満場一致でこれを承認した．

8. 論文誌の論文PDFのセキュリティ解除について【審議】
　伊東編集理事から，論文誌の論文PDFのセキュリティ解除について提案があり，満場一致でこれを承認した．

9. 各委員会委員の交代【審議】
　小林総務理事から，各委員会委員の交代について下記のとおり示され，満場一致でこれを承認した．
　（1）　関西支部会計幹事の交代
　　　［退任］佐保賢志（立命館大）→［新任］汐崎　充（立命館大）
　（2）　九州支部会計幹事の交代
　　　［退任］北須賀輝明（熊本大）→［新任］久我守弘（熊本大）
　（3）　大会委員会委員の交代
　　　［退任］山本　強（北大）→［新任］田口　亮（東京都市大）
　　　［退任］西村寿彦（北大）→［新任］岡野好伸（東京都市大）

10. 新入会（12，1月受付）【審議】
　下記の新入会を承認した．

図 1.11　要点を簡潔に記載した議事録の例
【出典】文献[15]をもとに作成
Copyright © 2017 IEICE　許諾番号：17KA0085

1.7.5　取扱説明書

一般消費者（家電等の利用者）を対象とする取扱説明書の例を、図 1.12（次ページ）に示す。一般消費者は専門的知識に乏しい。このため、取扱説明書では写真やイラストを多用した図解を用い、内容の項目の順序は時系列的となる。

13）この記録を「会議報告書」と呼ぶことがある。株主総会や取締役会等の内容を詳細に記録した文書を「議事録」と呼び、比較的小規模の会議の内容をまとめた文書を「会議報告書」と呼ぶ場合がある。本書では、これらを区別することなく「議事録」と呼ぶ。

14）法人等の公式な議事録では、その保証のため議事録署名人が署名することがある（注 8.5 参照）。

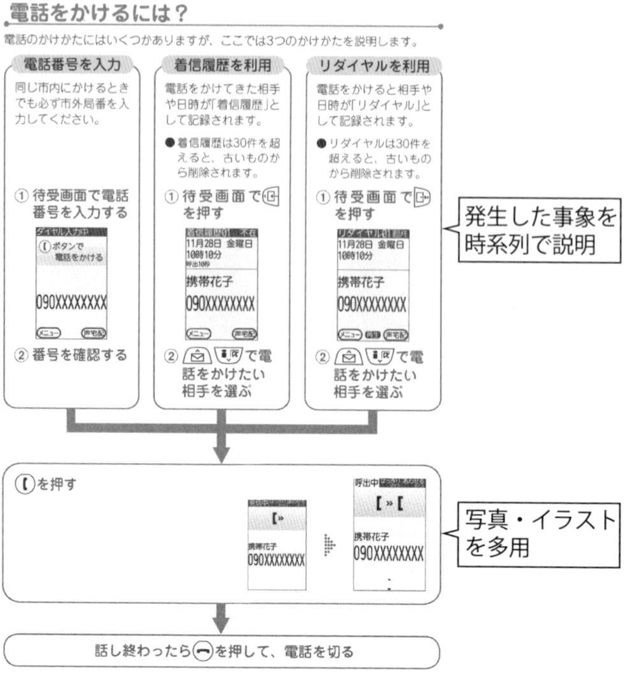

図 1.12　高齢者向けスマートフォンの取扱説明書の例
【出典】取扱説明書[16, p. 24]をもとに作成

1.8　文書モジュールの階層構造

　モジュール(module)とは、あるシステムの一部を構成し、独立した単体として機能し得る要素を意味する。システムをモジュールの集合体として構成することによって、システムの開発や維持管理を効率よく実現できる。
　文書でも、図1.13に示すように、「文書⊃章⊃節⊃小節⊃パラグラフ(段落)⊃文⊃単語」の階層的な複数のモジュール(ここでは「文書モジュール」と呼ぶ)から構成される。なお、「章」は書籍や学位論文のような、ページ数の大きい技術文書で使用される。
　各文書モジュールは、1つの主題(トピック)に絞って文章を構成する[15]。この規則により、モジュールの要件である「独立して機能する」を満たすこ

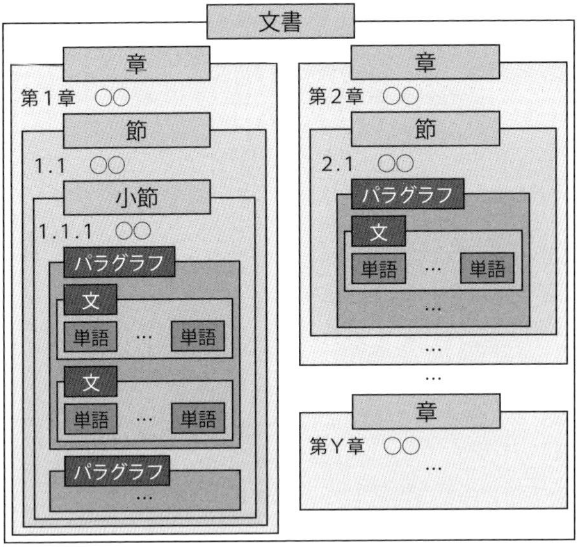

図1.13 文書モジュールの階層構造

とができる。

　章、節、小節には、それぞれの主題のラベルを意味する「見出し」が設けられる。

　図1.14（次ページ）に示すように、ある文書モジュールが複数の下位の文書モジュールにより構成される時、下位の文書モジュールの概要を説明する文章を、上位モジュールの最初に添えると良い。

---

15) 4.1.2節で解説する「一パラグラフ一主題」や4.2.1節で解説する「一文一義」は、この規則にもとづいている。

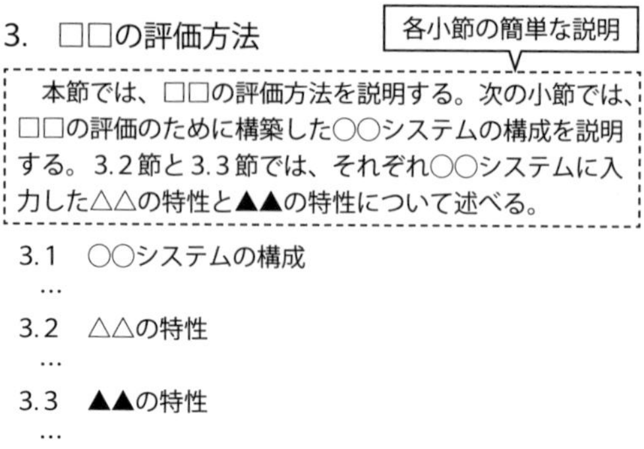

```
3.  □□の評価方法     各小節の簡単な説明

    本節では、□□の評価方法を説明する。次の小節では、
    □□の評価のために構築した○○システムの構成を説明
    する。3.2節と3.3節では、それぞれ○○システムに入
    力した△△の特性と▲▲の特性について述べる。

3.1  ○○システムの構成
     …
3.2  △△の特性
     …
3.3  ▲▲の特性
     …
```

図I.14　下位の文書モジュールの説明文

注I.3　カタカナ語の言い換え

　本書では、「サイト」、「モジュール」、「パラグラフ」のようにカタカナ語を多数使っている。日本以外で創造された技術用語は外来語として位置づけられ、その外来語の表現として、「カタカナ」での表音・表記が用いられることが多い。特に、進歩の著しい新分野を扱う科学・技術分野では、その傾向が強い。

　こなれていないカタカナ語の「過度の」多用は、浅薄な印象を読者に与え、また広く浸透されていないカタカナ語は、意味の曖昧さを招く。カタカナ語の言い換え語（漢語、和語）があり、その言い換え語が広く浸透しているのであれば、その使用を勧める。

　国立国語研究所では、カタカナで表現された外来語の漢語への言い換えに関する研究成果を、Webサイトを使って公開している[17]。このWebサイトでは、言い換え語がカタカナ語より適切である場合、その理由を具体的に説明しており、文書を作成する上で参考となる情報が豊富である。

注I.4　段落とパラグラフ

　本書では、用語「段落」の代わりに、カタカナ語である「パラグラフ」（paragraph）を用いている。その理由は次の通りである。

　英文での文書作成技法の入門書（例えば書籍[18]）では、パラグラフの

意義やパラグラフ内の文の論理構成を明確に規定している。一方、日本語での「段落」は「文のまとまった部分」と漠然とした概念として扱われている[16]。本書で取り扱う「段落」の定義は、英文の技術文書での「パラグラフ」を踏襲しているため、「段落」ではなく「パラグラフ」を用いることにする[17]。

注 1.5　数式の最後の文末のピリオド「.」

文の最後は、必ず句点「。」または「.」で終わる（表 3.3 参照）。よって、数式の最後が文末になっている場合、句点である「.」を忘れてはならない。

例 1.2　数式の最後が文末のピリオド

式(2)を式(3)に代入すると、
$$F^{(p)}(x) = (1-\pi^{(\mathrm{E})})\mathbf{1}(x-\ell_d)+\pi^{(\mathrm{E})}F^{(\mathrm{E})}(x).$$

1.9　技術文書作成のための技法・知識体系

わかりやすさを決める技術文書の作成要素を図 1.15 に示す。

中身(コンテンツ)：文書は記載すべき中身(コンテンツ)があって作成できるものである。よって、コンテンツ自身の質が、文書の質を決める大きな要素となる。コンテンツの質は、選択した課題(すなわちテーマ)の新規性やその取り組み(手法や解法等)の独創性に大きく依存する。

報告書のように依頼者が課題を提示する場合もある。一方、予稿、論文、特許明細書のような技術文書では、著者自身で課題を発掘する必要がある。

---

16) 英米では小学校から母語(すなわち英語)の授業で、わかりやすいパラグラフの書き方を徹底的に教えている[18]。一方、技術文書ではなく文芸文書を対象としている日本の初等・中等・高等教育では、英文でのパラグラフに相当する概念については教授していないのが現状である。
17) 1981 年に出版されロングセラーを続けている『理科系の作文技術』[1]でも、「パラグラフ」を使っている。

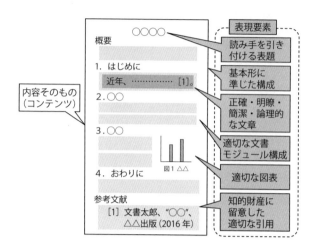

図 1.15　わかりやすさを決める技術文書の作成要素

　課題発見法として、Q思考、水平思考、コンセプチュアル思考等のさまざまな思考法が考案されている(例えば文献[19]参照)。残念ながら、「良い課題探し」の王道はない。読者自身でさまざまな思考法を試し、自身にあった思考法を試行錯誤により探索していただきたい。

表現要素：図1.15の右側に、コンテンツを表現するための要素を列挙する。これらの要素を形成する技法や知識は、先人の知恵により、ほぼ確

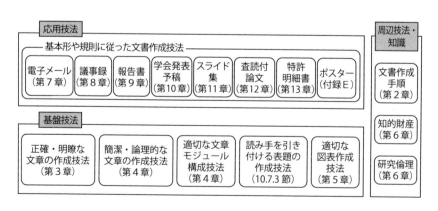

図 1.16　技術文書でのコンテンツを表現するための技法・知識体系
　【注】各技法・知識名の下に、( )付けで本書内で該当事項を記載している箇所を示した。

立されている。

技術文書でのコンテンツを表現するための技法や知識要素の体系を図1.16に示す。次章以降、これらの技法や知識を順次説明していく。

コラム 1.6　エントリーシート

就職活動において重要な役割を果たす文書がエントリーシート（ES：Entry Sheet）である。Webシステムを使ったESの応募の普及に伴い、採用担当者は限

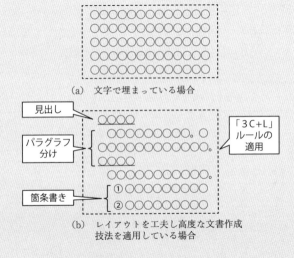

図 1.17　見栄えの良い（読みやすい）例と悪い例

られた時間で膨大な数のESを読み通し、採否を判断しなければならない。

図1.17(a)に示すような、文字で埋め尽くされた見栄えの悪いESは、採用担当者の気力を喪失させてしまう。多忙な採用担当者はこのようなESを恐らく読まない。

したがって、書き手は見栄えがよく読みやすいESを作成することが肝要である。例えば、図1.17(b)のように、本書で解説する「見出し、パラグラフ分け、箇条書き、『3C+L』ルール」等を活用して欲しい。

第2章

技術文書の作成手順

　注文住宅の建築や請負型情報システムの開発のように、顧客の依頼に応じて製品を作成する場合、「依頼者の要件定義 → 設計 → 製造 → 検査 → 出荷・供用 → 維持管理」の手順を踏む（表2.1参照）。もし、依頼者の要求条件（要件）を十分に明確化・定義することなく設計・製造にとりかかってしまうと、依頼者の要件に合わない製品となったり、手戻りが発生して製造経費が高くなってしまうという問題が生じやすい（コラム2.1参照）。

表 2.1 注文住宅と情報システムの製作手順

工程	注文住宅	情報システム
依頼者の要件定義	依頼者の要望や敷地の現状を明確にし、部屋割りや外観のような住宅のイメージを固める	依頼者の業務内容や経営戦略を分析し、情報システムが備えるべき要件を明確にする
設計	平面図、断面図、設備や器具の配置図を含む詳細な設計図を製作する	要件に沿って、ソフトウエア、ハードウエア、ネットワーク等のシステムの詳細な仕様を作成する
製造	設計図にもとづき施工する	仕様にもとづきシステムを構築する
検査	要望通りに建てられているかを確認する	仕様通りにシステムが動作するかを確認する
出荷・供用	依頼者に引き渡し、居住を開始する	依頼者に納入（リリース）し、使用を開始する
維持管理	必要に応じて修繕を行って、住宅を維持する	バグが発生した場合は修正して、システムが安定的に動作するよう維持する

　技術文書の作成でも表2.1と同様な製作手順を踏むと、読み手の要件にあった文書を効率よく作成することができる。そこで、本章では、この製作手順を技術文書の作成に適用し、その作成手順を説明する。

コラム 2.1　ウォーターフォール開発とアジャイル開発

情報システム分野でのソフトウエア開発方法として、ウォーターフォール（waterfall）とアジャイル（agile）の2種類がある（図2.1参照）[1]。

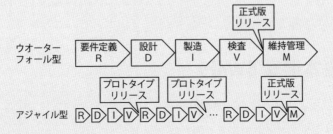

図 2.1　ウォーターフォール型とアジャイル型
R：要件定義（Requirement）、D：設計（Design）、I：製造（Implementation）、V：検査（Verification）、M：維持管理（Maintenance）

ウォーターフォール型：「水の流れ」のように、要件定義から検査までのサイクルを一度だけ行い、プロジェクトを完了とする開発方法である。大規模システムでは、この方法が用いられることが多い。

アジャイル型：要件定義から検査までのサイクルを短期間とし、そのサイクル毎にプロトタイプ（prototype）を市場に投入し、市場の反応を見ながらサイクルを繰り返す開発方法である。つまり、PDCAサイクルを、複数回実施する方法である。この方法は、市場に柔軟に対応できるため、変化の著しい市場向けの製品開発に対して、有効である。

アジャイル型は、アプリケーションソフトウエアのように、何度も修正を行う可能性の高い製品の開発に適している。一方、製品化後には容易に修正できないハードウエアシステムや建築物の製造等には適用困難である。文書においても、一度世に出すと修正が困難であるという特徴のため、ウォーターフォール型にもとづく作成方法となる。

ウォーターフォール型での製品の品質は、最上流工程である「要件定義」を

---

1) これらは基本的にソフトウエアの開発方法として発展してきた。しかし、この手法の考え方自身は汎用的である。

通して得られた結果の品質が決めると言っても過言ではない。すなわち、顧客（依頼者）の要件定義が不十分であると、その製品の品質が劣化したり、製造工程での修正が何度も入り、結果的に経費が高くなってしまう。

したがって、（顧客に相当する）読み手に合った文書を効率よく作成するためには、要件定義での結果の品質をあげることがきわめて重要となる。

2.1 基本要素 6W4H

表2.2に示す6W4Hやその部分集合である5W1Hは、さまざまな場面で用いられるキーワードである。例えば、

- 文書の執筆(コラム1.5参照)
- 文書作成前の読み手の要件定義(2.3節参照)
- 計画立案(2.4節参照)
- 議事録の作成(8.4.3節参照)

の場面で用いられる。

表 2.2　6W4H の意味

		意味
When	時期	いつ
Where	場所	どこで
What	内容	何を
Who	実行者	誰が
Why	理由	なぜ
Whom	対象者	誰に
How	方法	どのように
How much	金額	いくら
How many	数量	いくつ
How long	期間	期間はどのくらいか

2.2 技術文書を書くための8ステップ

製作の流れが「要件定義 → 設計 → 製造 → 検査 → 出荷・供用 → 維持管理」であるウオーターフォール型開発方法を技術文書の作成に適用した例を、図2.2に示す。

図2.2に示すように、8つのステップに分けて段階的に技術文書を完成させると良い。以下、各ステップを説明する。

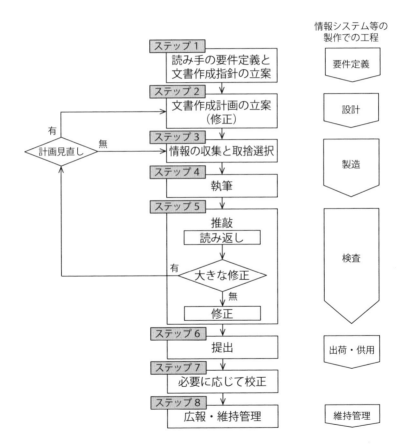

図 2.2 技術文書作成のための8ステップ

2.3 読み手の要件定義と文書作成指針の立案

技術文書作成での最初のステップは、読み手の要件定義と文書作成指針の立案である。コラム2.1で述べたように、要件定義で得られた結果の品質が最終的な生産物である文書の品質に大きく依存するため、要件定義の工程は重要である。

なお、この節の例では、例1.1のシーンIで使った「技術者Xによる開発計画書の作成」(以下、「開発計画書作成シーン」と呼ぶ)を想定している。それ以外のいくつかの事例は、技術文書の種別ごとに、関連する章に記載している。

2.3.1 読み手の要件定義

技術文書の読み手は、1.6節で示したように、文書の種類によって多種多様である。したがって、書き手は文書の種類ごとに、読み手の要件を明確に把握する必要がある。このためには、図2.3や表2.3に示すように、5W1Hの要件を明確にすると良い。なお、表2.3の最右列に、に各要件の例として「開発計画書作成シーン」をあげている。

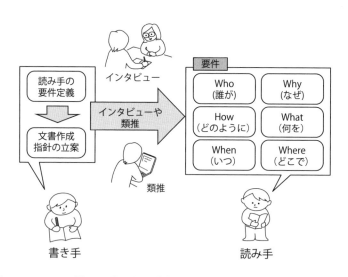

図 2.3　読み手の要件定義と文書作成指針の立案

表 2.3　書き手が把握すべき読み手の要件

	要件		説明	開発計画書の例[a]
必須	Who（誰が）	技術文書の読み手	読み手の種類と立場(内部／外部、内部の場合は上司／同僚、外部の場合は研究者・技術者／一般消費者等)	内部であり決裁権者であるCTO Y
	Why（なぜ）	読み手が技術文書を読む目的	読み手の動機や背景(意思決定、情報収集等)	開発実施可否の判断
	What（何を）	読み手が技術文書を通して得たい情報	読み手の目的を達成するために必要な情報(データ、アイデア、ヒント等)[b]	目的、開発対象、体制、作業計画、品質計画、スケジュール、リスク管理等[c]
	How（どのように）	技術文書の読み方	読み手が効率よく目的を達成するための手段(精読や流し読み等)	限られた時間の中で細かく読む(聞く)
オプション	When（いつ）	読み手の技術文書を読むタイミング	技術文書を読む時期(事象発生時、定期的な会合、期限の有無、緊急度等の制限事項)	プレゼン日時
	Where（どこで）	読み手の技術文書の利用場所	技術文書を読む場所(内部／外部、公開／非公開、会場の大きさと設備状況、参加者数限定／非限定等の制約事項)	視聴覚設備が整った社内の会議室

a) 例1.1のシーン I で使った「技術者 X が作成し CTO Y に説明する開発計画書」を仮定する。
b) 技術文書の様式が決まっている場合は、その様式での記載項目に対応する。
c) 詳細については、例えば書籍[20, pp. 34-36]を参照されたい。

次の場合分けにより、読み手の要件を定義すると良い。

読み手が特定されている場合：報告書の依頼者のように読み手が特定されている場合や、講演依頼があった時のように読み手がある程度特定できる場合は、依頼者や読み手に直接インタビューすると良い。

読み手が特定されていない場合(または読み手が特定されていても読み手に聞きづらい場合)：上司・同僚からの意見やネット情報を活用して情報収集し、仮説をたてる。今後のために、仮説を検証して適宜仮説を修正する(仮説を立案してそれ検証する「以下、仮説検証」手順については、9.3節参照)。

2.3.2 文書作成指針の立案

読み手の要件をもとに、文書作成の指針を立案する。表2.3の例としてあげた「開発計画書作成シーン」での要件にもとづく文書作成の指針の例を、次に示す。

> **例 2.1　開発計画書の作成指針**
>
> 表2.3で示した要件より、開発計画書の作成指針は次のようになる。
> - 「Who」の分析結果から
>   CTOであるため技術的専門用語を使っても良い。ただし、このシステム開発にかかわる特殊な専門用語については、役員レベルであるCTOには理解できない可能性があるため、使用しない。やむを得ず使用する場合は、スライド上に用語の定義を記載する。
> - 「How」の分析結果から
>   会場設備から、PowerPointを使ったスライド集を作成する。
> - 「Why・What」の分析結果から
>   CTO Yが判断しやすいよう判断材料を周到に準備するとともに、判断ポイントを明確にする。例えば、
>   - 「What」の分析項目を網羅する。
>   - 冒頭のスライドに、判断ポイントを記載する。
> - 「How」の分析結果から
>   - 図表等を使って、CTO Yの視覚に訴える。
>   - 詳細情報や二次的な内容(例えば根拠の補足)を別資料として用意しておく。
> - 「When」の分析結果から
>   文書作成計画の立案での参考情報とする。

コラム 2.2　エレベータピッチ

　30秒程度の短時間で、重役・高官のような高役職者にプレゼンすることを、「エレベータピッチ」という。ピッチ（pitch）とは売り込みを意味する。エレベータで出会った投資家に目的階までにアピールする、シリコンバレー発祥のプレゼン手法に起因する。この目的は、十分な時間をとった会談の実現を期待する切っ掛け作りである。

　エレベータピッチでの聞き手の要件は、次の通りである。

- Who：経営権を有する役員や投資家
- Why：有用な情報の入手の機会の要否を判断するため（改めて十分な時間をとって、面談を行うかを判断するため）
- What：きわめて短い時間でも理解可能なアイデア
- When：予約なしでその場限りで面会できる時間帯（話し手から見れば偶然を装って計画した時間帯）
- Where：予約なしでその場限りで面会できる場所
- How：聞いた情報だけで、改めて時間をとって面会する価値があるかを瞬時に判断

　上記の要件から、話し手は「聞き手に何をして欲しいか（コンセプトと狙い）」、「聞き手にとっての利得（メリット）」、「訴えたい事項についての問題点」等を簡潔に説明するとともに、強い「信念」や「情熱」を伝えるようにプレゼンすると良い。あくまでも、エレベータピッチは、次の接触機会につなげる契機であることを念頭に置いてもらいたい。

2.4 文書作成計画の立案

　前節で述べた工程の成果である「読み手の要件」と「文書作成指針」をもとに、文書作成計画を立案する。技術文書の品質は、PDCAサイクルの実践により、一段と高めることができる。その最初の一歩が「計画（P）」である。

　日報等の簡単な報告書は、作成を依頼された一人だけで文書を作成することが可能である。一方、大規模実験の論文や膨大な調査を必要とする報告書

を作成する場合、複数のメンバーから構成されるプロジェクトを発足させることもある[2]。

例 2.2　調査報告書作成プロジェクト

膨大な調査情報を含む報告書を作成する場合は、複数のメンバーから構成されるプロジェクトを発足させることが多い（図2.4参照）。図2.4に示すように、このプロジェクトは、書き手X、調査担当Y,Zから構成される。読み手の要件、文書作成指針、メンバーX,YとZが抱えている作業状況をもとに、次に述べる3つのステップを使って、調査報告書作成のための計画を立案する。

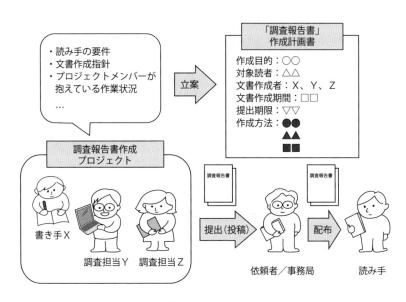

図 2.4　調査報告書作成プロジェクトの例

文書作成のための計画書の項目を表2.4に示す。以下、計画書を作成するための3つのステップを説明する。

ステップ1：優先順位付け

社会人ともなると、複数の作業を同時並行してこなすことは至極当然

表 2.4 文書作成のための計画書の項目

	要素	内容	目的
必須	Why （何のために）	作成目的	目的に合致する文書の構成と内容を明確にするため
	How long （期間は）	作成期間	文書の提出（投稿）期限をもとに、作成期間を明らかにするため
	Who （誰が）	文書作成プロジェクトのメンバー	プロジェクトの構成と各メンバーの役割分担を明確にするため
	What （何を）	文書作成プロジェクトメンバーの作業対象	プロジェクトメンバーの各自の作業内容を明確にするため
	When （いつまでに）	文書作成プロジェクトメンバーの作業の期限と時間的順序	作成期限遵守のため、各作業の実施順序と完了期限を明確にし、文書作成プロジェクトを円滑に進めるため
	How （どのように）	文書作成プロジェクトメンバーの作業対象の方法	作成期限遵守のため、各作業方法を明確にするため
オプション	Whom （誰に）	作成文書の提出先	文書を提出するときの相手（依頼者、出版社、編集者等）を明確にするため
	How much （いくらで）	文書作成プロジェクトの予算	プロジェクト遂行に必要な経費を明確にするため

【出典】書籍[21, pp. 22-25]を参考に作成

である。それらの作業の一部である文書作成には、例外を除き、必ず締切がある。よって、他の業務を同時に遂行しつつ、最低限締切を遵守し、依頼者の要求する品質をできる限り満たす文書を作成するための計画を立案する必要がある。

複数の作業を効率よく進める基本は、各作業の優先順位付けである。優先順位付けの代表的な尺度として、緊急性と重要性が知られている[22, pp. 213-221]。

図 2.5（次ページ）に示すように、作業の締切、依頼者の重要度レベル、難易度等を勘案して、作業を 4 つの領域に分類し、A→B→C→D の優先順位で取り組むと良い。

---

2) 複数のメンバーにより作成された論文の場合、貢献度が最も高いメンバーの名前をその論文の著者名の筆頭に掲載することが多い（10.7.3 節参照）。査読者や事務局とのやりとりが必要となる場合、全著者の代表者を問い合わせ先（corresponding author）として指定する必要がある（12.4.2 節参照）。

図 2.5 作業の分類の例
【出典】書籍[22, pp. 213-221]をもとに作成

注 2.1　2番目の優先順位

　緊急性が高くかつ組織として重要な作業の優先順位が、最も高いことは明らかである。さらに、緊急性が乏しくかつ組織として重要ではない作業の優先順位は、最も低いことも疑う余地はない。

　さて、2番目の優先順位の作業領域はBとCのどちらであろうか。書籍[22, pp. 218-219]や[23, pp. 46-50]によると、領域Bの作業を領域Cより優先すると良いと言及されている。その根拠として、領域Bの作業を優先すると何事も前倒しで作業を行う習慣がつき、その結果、領域Cの作業自体が減ると示唆されている。

コラム 2.3　無理難題への対応：アサーション

　自身のスケジュールが埋まっている状況で、上司等から急な作業を依頼された場合に、その依頼を断らざるを得ないことがある。依頼者に「無理です」の一言で断ってしまうと、依頼者は否定されたと感じてしまい、しこりが残ってしまう。

　双方がストレスをためないコミュニケーション術として、相手に配慮しつつ自身の考えを率直に伝える「アサーション」(自己表現：assertion)が注目されている[24]。アサーションの手順は、1) 状況の説明と相手との共有、2) 代替案の提

案、3) 折り合いの模索である。自己主張しながら相手の主張に対しても肯定しているので、双方のストレスは少なくなる。

コラム 2.4　論文作成の優先順位、契機と動機付け

　締切の有無は、作業の優先順位付けにおいて、重要な要素となる。作成時に締切がない代表的な例が査読付き論文（以下、論文）である（表 12.1 参照）[3]。

　大学のような研究を主目的とする公的研究機関は、論文作成を重要視する（コラム 10.1 参照）。このような場合、論文作成の重要度は高いが、締切がないため緊急度は低くなる。よって、この作業は図 2.5 での領域 B に位置づけられる。

　一方、営利活動が組織目的である企業活動では、論文作成の「組織として」の重要度は低くなる。したがって、著者が企業組織に属する場合の論文作成は、重要度と緊急度がともに低い作業、つまり図 2.5 での領域 D の作業として位置づけられる。

　依頼者が存在しないことが多い論文の場合、論文の作成は自発的となるため、作成契機が重要な問題となる。通常、以下の条件を満たす時、論文作成に取り掛かると良い。

- 論文の核となるデータが得られた[25, pp. 46-47]。
- 核データから結論を数行で記述することができた。

　すべてのデータが出そろうまで研究し続けると、いつまでたっても論文を完成できない。大事な点は、完璧ではなく 8 割の完成度を狙って、論文を書き始めることである。論文を書きながら、その論文の筋道上、新たなデータが必要となった時、そのデータを取得するための実験等を行うと良い。

　緊急度の低い論文作成を少しでも前進させるためには、以下を実践すると良い。

---

3) 現実には、競争的研究の場合、外部の研究の進展状況で実質的な期限が想定される場合がある。外部要因から期限が設定されなくとも、内部的な要因（内部のプロジェクト計画にもとづく研究成果の公報戦略等）で期限が決まる場合もある。

- 自分なりの完成期限を設け、自身を追い込む。
- 完成した時は、自身からご褒美がもらえる等のインセンティブ（incentive）を計画に盛り込む。
- 作業を細分化して、一つひとつ着実に細分化された作業をこなし、その都度達成感を感じるようにする。

ステップ2：作業の細分化と各作業時間の見積もり

文書作成のような知的活動による作業に対して、正確な時間の見積もりは困難である。見積もり精度をあげるために、以下のような工夫をすると良い。

- 作業を細分化する。
- 細分化された作業を単純作業と知的作業に分ける。知的作業は難易度が高いため、余裕をもって見積もる。
- 過去の経験や周囲の意見を参考にする。

結果として過少見積もりとなった場合への対策として、予備の時間を組み込んでおくリスク管理が肝要である。

ステップ3：作業実行日時の決定と文書作成計画書の作成

まず、すでに決まっている作業を考慮して、ステップ2で細分化した作業を実行する日時を決定する。次に、表2.4で示した項目を網羅する文書作成計画書を作成する。

注2.2　作業効率（生産性）を高める工夫

ビジネスの基本は、限られた時間を使って品質の高い成果物を作りだすことである。すなわち、作業の効率（生産性）を高めることが重要であり、文書作成も同様である。

文書作成の効率を高める工夫の例を次に示す。

- その都度白紙状態から作り上げるのではなく、過去に作成した文書を流用する。例えば、最終の読み手である顧客、決裁権者、指導教員等から高い評価を受けた文書を活用する。
- 頭が冴えている時間帯(ゴールデンタイム)に集中して、知的作業を行う。この時間帯では、外部からの割り込みがないように工夫する。
- 自身だけで悩まず周りを巻き込む。

例2.3　文書作成計画立案の進め方

締切の有無により、作業の優先順位が異なるため、締切がある場合とない場合のそれぞれにおいて、前述した文書作成計画立案のための各ステップを解説する。

ここでは、2.3節での「開発計画書作成シーン」で登場した技術者Xが、以下に示す2種類の文書作成の計画立案を例にあげる。

- 締切がある例：情報システムαの開発計画書(以下、開発計画書)の作成
- 締切がない例：システム開発論文[26](以下、システム論文)の作成

◉締切がある場合：開発計画書の作成

ステップ1：優先順位付け

技術者Xが抱えている全作業を、重要度と緊急度で分類した結果を図2.6(次ページ)に示す。

今回依頼された開発計画書の作成作業は、顧客対応であり締切が近いため、最も優先度が高い作業に位置づけられる。つまり、図2.6での領域Aの作業Iに対応する。これより、技術者Xは、領域Aの他の作業を行いながら、開発計画書作成を行うことにした。

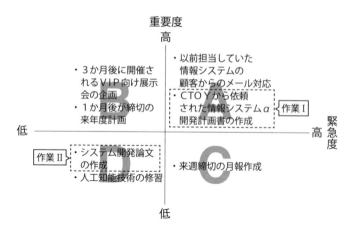

図 2.6 緊急性と重要性からみた技術者 X の作業の分類

ステップ 2：作業の細分化と各作業時間の見積もり

作業「開発計画書作成」を細分化し、細分化された各作業の見積もりを表 2.5 に示す。前述したように、過少見積もりに対応するために、2 時間の予備を設けた。

表 2.5 開発計画書作成のための細分化された作業と見積もり時間の例

作業番号	作業内容	作業時間
1	受注先 B 社に対して技術営業活動を行っている主任 S（B 社から聞き取りを行い、要件定義書を作成した責任者）と会議	1 時間
2	開発計画書原案の作成	4 時間
3	プロジェクトメンバーと原案の読み返し(レビュー)	1 時間
4	読み返し結果の反映	2 時間
5	推敲と提出	0.5 時間
6	プレゼン予行演習	1 時間
7	予備	2 時間

ステップ 3：作業実行日の決定と開発計画書作成計画案の作成

技術者 X のすでに決まっているスケジュールと、ステップ 1 で決めた優先順位と、ステップ 2 で細分化した作業とその見積もり時間をもとに、開発計画書作成計画案を作成する。その例を表 2.6 に示す。

表 2.6 開発計画書作成計画案

作成者:技術者 X　作成日:2017 年 9 月 1 日

項目	内容
作成目的	情報システム α の開発実施可否を CTO Y に判断
対象読者	CTO Y。承認された場合、情報システム α の開発担当者
文書作成者	主担当:技術者 X、副担当:技術者 T
提出期限	9 月 8 日(金)午後 5 時(プレゼン:11 日(月)午前 10 時から 10 時半)
作成方法	作業 1:9 月 4 日(月)午後 4 時〜5 時、主任 S と会議 作業 2:9 月 5 日(火)午後 1 時〜5 時、技術者 T と開発計画書原案の作成 … 作業 7:9 月 8 日(金)午前 10 時〜正午、予備

●締切がない場合:システム論文作成

ステップ 1:優先順位付け

　技術者 X は、以前のシステム開発で考案した方式を社会発信するために、システム論文としてまとめることにした。技術者 X は、企業の組織に属するため、システム論文作成の優先順位は最も低くなる(コラム 2.4 参照)。よって、この作業は、図 2.6 での作業Ⅱの位置になる。

ステップ 2:作業の細分化と各作業時間の見積もり

　作業「システム論文作成」は、表 2.7 に示すように、「知的作業、単純作業、読み返し、予備」に細分化できる[25, pp. 30-31]。表 2.7 では、細分化された各作業で要するおよその時間を見積もっている。

表 2.7 システム論文作成のための細分化された作業と見積もり時間の例

作業	作業内容	作業時間
単純作業	文献調査、節「方式」、「結果」の作成、図表の作成	1 週間
知的作業	節「はじめに」、「考察」、「おわりに」の作成、表題の作成、概要の作成	3 週間
読み返し	共著者と読み返し	1 週間
予備	――	1 週間

ステップ3:作業実行日の決定と論文作成計画案の作成

　精度の高い計画書を作成したとしても修正が発生する可能性があるため、表2.8に示すような大まかな計画書を作成すると良い。なお、大まかな計画であるため、PDCAサイクルを実践して、時には計画を具体化することも大事である。

表 2.8　システム論文作成計画案

作成者:技術者 X　作成日:2017 年 9 月 15 日

項目	内容
作成目的	○○論文誌に投稿
文書作成者	主担当:技術者 X、読み返し担当(共著者):△△、□□
目標提出期限	11 月末
作成方法	単純作業:夕方毎日 30 分
	知的作業:月、水のゴールデンタイム 1 時間

2.5 情報の収集と取捨選択

　読み手の要件(特に、「What」項目)に従い、文書の中身(コンテンツ)を構成する情報を可能な限り多く集め、その中から必要十分な情報を抽出する。この作業は、技術文書作成での3番目のステップに対応する。

　この作業にあたって、以下を心掛けると生産性が向上する。

- 情報の収集時、仮説検証手順を使う(9.3節参照)。
- 情報の取捨選択時、図解等を使って情報を整理する。

注2.3　図解を使った整理

　「図を使うと混乱した頭が整理される」と言われる。よって、ブレーンストーミング等によってキーワードを洗い出した後、図を使ってキーワードをグループ化し、キーワード間やグループ間の因果関係を線でつなぐと論理的に整理できる。図解の例として、ロジカルツリーやマインドマップがある。

2.6 執筆

技術文書作成での4番目のステップは執筆作業である。分量にもよるが、以下のように文書の骨格（アウトライン）を作成して、それに枝葉をつける方法を推奨する。

1. アウトライン（見出しとキーワード等）を書く。
2. アウトラインを以下の視点で検討する。
   (a) 説明は過不足がないか。
   (b) 論理的矛盾はないか。
3. 実際に執筆する。意識的にキーワードをつなぐように文章を作成すると自然と論理的となる（4.1.4節参照）。

注2.4　テンプレートファイルとスタイルファイル

学会発表の予稿集のように、雑誌としての統一感をだすために、書式が指定されている場合がある。投稿規定のWebサイトで見本の電子ファイルが公開されている。

このファイルとして、MS-Word版とLaTeX（ラテフ）版が用意されている。前者を「テンプレートファイル」と、後者を「スタイルファイル」と呼ぶ。

数式を多用する文書を作成する機会が多い研究者・技術者には、人によって慣れるまで多大な時間を要するが、LaTeXの修得を推奨する。

2.7 推敲

文書は、一度提出すると簡単には修正することはできない。特に、デジタルネットワーク社会では、文書の記憶性により誤った文書が永遠に残ってしまう恐れがある（1.2節参照）。そのため、提出する前に、原稿を丹念に読み返し改善を図る必要がある。修正箇所が多い場合は、計画を見直すことも視野に入れる。この作業を「推敲」と呼び、技術文書作成での5番目のステップに対応する。

推敲の作業は、PDCA サイクルの「CA」つまり評価・点検、改善に対応する。

限られた時間を使って、技術文書の品質をさらに上げる方策の例を、以下にあげる。

- 確認項目を明確にする。
  確認項目を明確にすることにより、目的意識が向上する。確認項目の一例を表2.9に示す。
- 時間をあけて、数回異なる場所で実施する。
  技術文書に求められる品質にもよるが、著者以外の眼を通したり、複

表2.9 確認項目の例

項目	内容	参照
構成	様式が指定されている場合、それに従っているか	1.7節
	様式が指定されていない場合、基本的な「型」通りになっているか	1.7節
内容全体	読み手の要件にあっているか	2.3節
	「事実」と「意見」は明確に切り分けられているか	9.2節
表題	読み手にとってインパクトがあるか	10.7.3節
パラグラフ	「一パラグラフ一主題」になっているか	4.1.2節
	各パラグラフには「主題文」があるか	4.1.3節
	パラグラフ内の文章の論理展開が把握しやすいか	4.1.4節
文	「一文一義」になっているか	4.2.1節
	箇条書きを活用するとともに、その表記はルールに従っているか	4.2.3節
	主語と述語の呼応関係は正しいか	3.1節
	表現・用語は統一されているか	3.2節
	会話言葉は使われていないか	3.3節
	不明瞭な指示語は使われていないか	3.4節
	修飾語は被修飾語の近くに置かれているか	3.5節
	能動態と受動態を適切に使い分けているとともに、能動態を活用しているか	3.6節、4.2.2節
	適切に読点を打っているか	3.7節
単語	誤字・脱字(いわゆる誤植)はないか	注2.5
	冗長な語を使っていないか	4.2.4節
	略称を規則に従い、正しく使っているか	4.3.1節
	認知度が低い記号や用語は定義されているか	4.3.2節
	不適切な用語は使われていないか	4.3.3節
図表	主張点を明確に表現しているか	5.1節
	表記法は規則に沿っているか	5.5節

数回推敲を繰り返すと、自ずとその品質は向上する。可能であれば、以下を励行して欲しい。

- カフェや電車の車中のように、通常の作業環境とは異なる場所で行う。
- 最低一晩、または2日程度、文書を寝かせる等、一度頭を冷やす期間を設ける。
- 他者に読んでもらい、率直な意見をもらう。
- 学会発表予稿のようにプレゼンが伴う技術文書を作成する時は、スライド集を前倒しで作成してしまう。同じ内容を別の文書スタイルで作成することにより、対象とする文書の誤り等を容易に見つけることができる。

注 2.5　誤植

誤植は、「Correct」(正しく書く)ルールに反する端的な事例である。読み手は誤植があると、それを容易に見つけることができる。多大な時間を費やして作成した技術文書も、たった1つの誤植のために、その信頼性が低く評価されてしまう危険性があることを、肝に銘じるべきである。よって、少なくとも、文書を提出する前には誤字・脱字がないことを確認して欲しい。

名前・メールアドレス・URLのような固有名詞は、不注意による間違い(ケアレスミス)が発生しやすい。リンク切れが発生しやすいURLについては、実際にアクセスして確認することを勧める。

2.8 提出

推敲が終了後、文書作成の依頼者(論文等の場合は事務局)に文書を提出する。これは、技術文書作成の6番目ステップに対応する。

文書を提出した後通常、提出先からメールや文書の形式で、受領のメッセージを受け取る。このメッセージは、今後のトラブル発生対応の回避や実際にトラブルとなった場合の適切な対応のために、記録として残しておくことを勧める。

2.9 校正

　技術文書によっては、出版社が、雑誌の標準形式に合うように、著者の原稿に手を加えたり、書式や漢字の表記等を修正する。そのため、出版社は手直しした原稿(「ゲラ刷り」と呼ぶ)を著者に送り、確認を求める。著者は、必要に応じてゲラ刷りを修正する。この作業を「校正」と呼び、技術文書作成の7番目のステップに対応する。

　査読を通過した論文では、著者は誤植程度の軽微な修正は可能であるが、内容の本質的な修正は原則、許されない。このような場合を含め、著者は、校正の時に文書を修正できるという慢心をもって推敲してはならない。

2.10 広報・維持管理

　技術文書作成の最後の工程は、広報・維持管理である。

　WebサイトやSNS等を使って、作成した技術文書の広報に努めよう。なお、技術文書の知的財産の帰属先については、職務上の著作物や学会／出版社に著作権を移譲した論文のように、作成者自身とならないこともある。特に、著作権については、慎重に取り扱うよう留意する(6.3節参照)。

　誤りを見つけた場合、公開・出版元に連絡して、適切な処理を依頼する。個人的にも、Webサイトに正誤表を掲載して、文書の弱点である「修正の困難性」を緩和させるよう努力する。

第3章

正確・明瞭な文章の作成技法

1.5節において、技術文書の基本的な作成ルールである「3C+L」ルールを概説した。本章では、このルールの要素のうち、「Correct」(正しく書く)と「Clear」(明瞭に書く)のルールを満たす文章の作成技法を解説する。特に、前者のルールについては、文法的に正しく、誤解や違和感を読み手に与えない文章の作成技法を中心に説明する。

3.1 主語と述語の正しい呼応

日本語では、文法的に、主語は述語に隣接しなくてもよい。その結果、主語と述語の呼応関係のねじれがしばしば生じる[21, pp. 119-120]。

例3.1 主語と述語の正しい呼応関係(その1)

●原文
数学の目的は、世の中の現象を数式を使って表現し、それを解く。

●改善案
数学の目的は、世の中の現象を数式を使って表現し、それを解くことである。

【解説】 英文法の用語を用いると、原文の骨格となる文型は、主語+補語+述語である。原文での主語「目的は」に対する述語は、「解く」ではなく、be動詞に相当する「である」が正しい。よって、改善案のように修正しなければならない。

例 3.2　その 2

●原文

温度が増加したのは、成分 X を物質 A に加えた。

●改善案

温度が増加したのは、成分 X を物質 A に加えた<u>からである</u>。

【解説】　主語である「増加したのは」は結果を意味する。これに呼応する述語では、改善案のように「からである」を付け加えて、理由の意味を持たせる必要がある。

例 3.3　その 3

●原文

図 1 より、理論値は実験値と一致する。

●改善案

図 1 より、理論値は実験値と一致<u>することがわかる</u>。

【解説】　「図 1 より」の語句とその文脈から、改善案のように「ことがわかる」を述語にすべきである。

注 3.1　体言止め

　明確な述語を必要とする技術文書では原則、図表を含む表題、見出し、箇条書きでの文末以外は、体言止めを使わない。

コラム 3.1　英訳の勧め

　主語の省略が可能等の日本語特有の抽象度の高さや母語の慣れに起因して、日本語では、主語と述語の呼応関係に、誤りが発生しやすい。
　自身が書いた日本語の文章に文法的な迷いが生じた場合、一度、主語と述語の

関係が単純明快である英語を使って、翻訳すると良い。この翻訳作業を通して、主語と述語の呼応関係のねじれのような文法的な誤りを、容易に発見できることが多い。

3.2 表現の統一

文や語句等を統一した規則に従って表現すると、良い印象を読み手に与える。本節では、文末の文体、並列的な語句、用語における表現の統一技法を説明する。

3.2.1 文末の文体

日本語の文末の文体には、敬体「です／ます体」と常体「である体」の2種類がある。文体が統一されていない文章は、違和感を読み手に与える。

例 3.4　文体の統一

●原文
謝辞
　この研究の遂行にあたって、A財団から支援を受けた。ここに、謝意を表します。

●改善案
謝辞
　この研究の遂行にあたって、A財団から支援を受けました。ここに、謝意を表します。

【解説】　一般に、表3.1（次ページ）のように敬体と常体を技術文書の種別ごとに使い分ける。

表 3.1 敬体「です／ます体」と常体「である体」の使い分け

	顧客向け文書	内部文書／科学技術論文	左記以外の文書
すべての文章を敬体に統一する	○	×	×
すべての文章を常体に統一する	×	○	○
本文を敬体とし、箇条書きや図表内の文章を常体にする	×	×	○

○：適用される　×：適用されない

謝辞については、常体を用いる科学・技術論文でも、例外的に丁寧な意味が伝わる敬体にするのが慣例である(10.7.3節参照)。そのため、改善案では文末の文体を敬体で揃えた。

> **注 3.2　「〜だ」体**
> 断定の意味で用いる「〜だ」体は常体の一種である。しかし、「〜だ」体は横柄な印象を読み手に与えるため、用いないほうが良い[21, p.99]。

3.2.2　並列的な語句

複数の事柄を並列的に並べる場合、表現を統一すると読みやすい文章になる。この手法を「並列法」(パラレリズム：parallelism)と呼ぶ。

> **例 3.5　単語レベルでの統一**
>
> ●原文
> このアルゴリズムには、高い汎用性、プログラム化が容易、さらに高速に処理するという特徴がある。
>
> ●改善案
> このアルゴリズムには、高い汎用性、プログラム化の容易性、さらに高速処理性の特徴がある。
>
> 【解説】　原文では3つの特徴を列挙している。しかし、次に示すように

特徴の表現が統一されていない。

 一番目：「高い汎用性」という名詞
 二番目：「プログラム化が容易である」の「である」の省略形
 三番目：「(プログラムが)高速に処理する」という節[1]

そこで、改善案では、3つの特徴の表現を名詞で統一した例を示した。

例 3.6　文レベルでの統一

箇条書きの例を考える。

●原文
2社のソフトウエアの特長は次の通りである。
- A社のソフトウエアの利点は、高速で処理できることである。
- B社のソフトウエアを利用すれば、非標準の符号化方式により画像圧縮を実現できる。

●改善案その1
2社のソフトウエアの特長は次の通りである。
- A社のソフトウエアの利点は、高速で処理できることである。
- B社のソフトウエア<u>の利点</u>は、非標準の符号化方式により画像圧縮を<u>実現</u><u>できることである</u>。

●改善案その2
2社のソフトウエアの特長は次の通りである。
 A社：高速で処理<u>できる</u>。
 B社：非標準の符号化方式により画像圧縮を実現<u>できる</u>。

【解説】　原文では、箇条書きでの各文の表現が統一されていない。並列法に従い、各文の表現を最初の文に統一した例を「改善例その1」として

---

1) 節とは、主語と動詞を含み、文の一部として機能する単語の集合を意味する。

示した。

　なお、「改善例その1」では、語句「ソフトウエアの利点」が続くため冗長的である。そこで、箇条書きの見出しを使って簡潔にし、その例を「改善例その2」として示した。

3.2.3　用語

　文芸文書では単調さを避けるために、同じ意味でも意図的に異なる表現を用いる場合がある。しかし、技術文書では読み手の誤解の回避や読みやすさの向上のため、単調な印象となったとしても同一表現を用いるべきである。

例 3.7　用語の統一

●原文
インターネットの出現により、誰もが他の計算機内のデータを容易に取得できるようになった。しかし、自身のコンピューターが見知らぬコンピュータによりハッキングされてしまう問題点も生じた。

●改善案
インターネットの出現により、誰もが他のコンピューター内のデータを容易に取得できるようになった。しかし、自身のコンピューターが見知らぬコンピューターによりハッキングされてしまう問題点も生じた。

【解説】　原文では、同一の意味の用語「計算機、コンピュータ、コンピューター」が混在している。改善案のように「コンピューター」に統一すると良い。

注 3.3　論文における用語

　論文では、投稿先の学会等が用語を統一している場合が多い。このため、必ず投稿先の投稿規定を参照し、その規定に従わなければならない。

3.3 会話言葉の回避

技術文書で会話言葉を用いると稚拙な印象を読み手に与えるため、その使用は避けるべきである。

> **例 3.8　会話言葉の書き言葉への置き換え**
>
> ●原文
> 論文[1]で、方式 A は従来方式と比べて、50% の性能改善をもたらすことが報告されている。でも、最新の研究[2]では、たぶん 30% も性能改善しないと指摘されている。
>
> ●改善案
> 論文[1]で、方式 A は従来方式と比べて、50% の性能改善をもたらすことが報告されている。しかし、最新の研究[2]では、恐らく 30% も性能改善しないと指摘されている。

【解説】原文では、会話言葉である「でも」と「たぶん」が用いられている。そのため、原文は違和感を読み手に与える。改善案のように、会話言葉を書き言葉に置き換えると良い。

会話言葉と書き言葉の例を表 3.2 に示す。

表 3.2　会話言葉と書き言葉の例

	書き言葉(会話言葉)
接続助詞	ので(から)、し(して)、せずに(しないで)、すれば(したら)、にもかかわらず(のに)
副詞	全く(全然)、恐らく(たぶん)、必ず(絶対)、最も(一番)、少しも(ちっとも)、さらに(もっと)
接続詞	そのため(だから)、しかし(でも)、だが(けど、けれど)、なぜなら(だって)、では(じゃあ)

3.4 指示語の回避

「それ」や「これ」のような指示語は、同一語句の繰り返しを避けることができ、文を短くする効果を持つ。ただし、指示語を使う場合には、その指示語が何を指しているかを、読み手が容易にかつ正しく把握できるようにしなければならない。

指示語が指している語の候補が複数ある場合、読み手は文脈に沿って意図する適切な語を選ぼうとする。文脈によっては、誤った解釈を読み手にもたらす恐れがある。したがって、複数の解釈を与えてはならない技術文書では、読み手が迷うような指示語は、使わない方が良い。

例 3.9 不明確な指示語の回避

●原文
スタッフによる作業の負担を軽減させるためにシステムの開発を行う。最終目的は、それを自動化することである。

●改善案
スタッフによる作業の負担を軽減させるためにシステムの開発を行う。最終目的は、作業を自動化することである。

【解説】 原文では、「それ」が指している単語が「作業」か「開発」なのかがわかりにくい。改善案のように、指示語を用いることなく「それ」を「作業」に置き換えると、読み手の混乱はなくなる。

3.5 修飾語の適切な位置

1つの文に、ある語を修飾する語句(修飾語)が複数ある場合、読み手に誤解や混乱を与えないよう、適切な順序で修飾語を並べる工夫を必要とする。被修飾語の直前に修飾語を置くとわかりやすい文となる。

例 3.10　修飾語の適切な位置

●原文

決して一人で考えていても答えがみつからない。

●改善案

一人で考えていても答えは決してみつからない。

【解説】　原文では、修飾語「決して」の被修飾語が、「考えていても」か「みつからない」のどちらであるかがわかりにくい。被修飾語が「みつからない」のであれば、改善案のように、「みつからない」の前に「決して」を置くと良い。

3.6　能動態と受動態の適切な使い分け

　能動態の文「AはBをCする」では、主語Aが動作Cを起こしている状況を表す。一方、受動態の文「BはAによってCされる」では、主語Bが動作Cを受けている状況を表す。

　表現対象の振る舞いは同一である。しかし、能動態と受動態では、読み手の印象は微妙に異なり、時に伝えたい意味が異なる場合がある。本節では、この微妙な違いと能動態と受動態の適切な使い分けを説明する。

3.6.1　読み手の関心

　読み手の関心は主語にある。よって、その関心の対象により、能動態と受動態を使い分ける必要がある。

例 3.11　能動態と受動態

　以下の2文を考える。

> 能動態：A美術館が、巨匠クロード・モネの絵画「睡蓮」を展示している。
> 受動態：巨匠クロード・モネの絵画「睡蓮」が、A美術館において展示されている。

【解説】 読み手の関心と書き手の意図が「A美術館」にあるのであれば、それが主語である能動態を用いる。一方、「絵画『睡蓮』」にあるのであれば、受動態を用いると良い。

3.6.2 生物主語と無生物主語による使い分け

通常、生物(一般的には人間)の主語の時、その動作・行為を能動態で、機器・ソフトウエア等のような無生物の主語の時、受動態で表現する。しかし、1つの文で異なる無生物主語の受動態の節が続くと、読みにくくなる。

日本語では、主語を省略できる性質を利用し能動態と受動態を適切に使い分けると、読み手にとって違和感のない文を作成できる。

例3.12 能動態と受動態の適切な使い分け

●原文
メールアドレスの入力が省略されると、メンバーとしての登録処理は行われない。

●改善案
メールアドレスの入力を省略すると、メンバーとしての登録処理は行われない。

【解説】 原文では、無生物主語である「入力」と「登録処理」の受動態の節が続くため、読み手に違和感を与える。最初の節の動作主体は「あなた」であり、「あなたは」のような主語は省略できることに注意して、改善案のように最初の節を能動態で表現すると、この違和感は軽減される。

3.7 読点(とうてん)

読点「、」「,」の打ち方を工夫すると、読みやすい文を作成することができる。

例 3.13　意図にあった読点の打ち方

●原文

これは日本の社会により良い効果を与える。

●改善案

これは日本の社会に、より良い効果を与える。

【解説】　原文では、「社会により」または「より良い」のどちらを意味しているのかがわからない。読点は、意味の切れ目を読み手に示す重要な役割を持つ。「一層良い効果」という意図であれば、改善案のように「より」の前に読点を入れると良い。

読点の打ち方には文法上の厳格な規定はない。慣習的な指針を次に示す。

1. 文頭の接続詞(表 4.1.4 参照)の後ろに打つ。
   【例】　したがって、A は B と等しくなる。
2. 接続助詞(し、が、ので、より等)の後ろに打つ。
   【例】　最初に A ボタンを押し、次に B ボタンを押す。
3. 主語と述語が離れている場合や主語が長い場合、主語の後ろに打つ。
   【例】　インターネットは、コンピューター間の通信を実現するネットワークである。
4. 目的語が長い場合、目的語の後ろに打つ。
   【例】　ビジネス意識の醸成をもたらすインターンシップを、就職活動の一環として盛り込むと良い。
5. 複数の事項を列挙する場合の区切りとして、その間に打つ。
   【例】　物質は A、B、C より構成される。

注 3.4　記述記号の代表例と注意点

　区切り符号、かっこ類、つなぎ符号等、日本語にはさまざまな記述記号が用いられる。どれを使用するかは著者の好みによるところが大きい。大事な点は、文書内で統一感をもって記号を使用することである。

技術文書で使用される記述記号の代表例を表 3.3 に示す。

表 3.3　主な記述記号

分類	記号	よみ	説明	用例	記事
区切り符号	。.	句点[a]	文末を表す	文書を作成する。	縦書きは〔、。〕である。横書きは〔、。〕〔,.〕のどれを使用しても良いが、いずれかで統一する
	、,	読点[b]	文内の区切りを表す	したがって、式(2)が導かれる。	3.7節参照
	.	(半角の)ピリオド	数式の文末を表す	$y = f(x)$.	注1.5参照
	,	半角のコンマ	数字の位取りや数式内の区切りを表す	12,000 円、$y = ax + b$, $z = cx$	位取りの場合は3桁ごとに用いる
	・	中点(中黒)	名詞の並列表記やカタカナ語での姓名表記で用いる	東京・大阪、ジョン・ネイピア	
	/	斜線、スラッシュ	名詞の並列表記で用いる。「または」の意味を持つ場合がある	男性／女性	「A/B」のように半角のスラッシュは割り算を意味する
	:	コロン	次に詳細な説明が続くことを表す	Who：文書の読み手	注4.3参照
かっこ類	「　」	かぎ	会話、強調、注意を引きたい語句をくくる	文書を「論理的」に記述する。	
	『　』	二重かぎ	一重かぎの中で用いられる場合や、書名・雑誌をくくる場合に用いる	「Aは『XはYである』を証明した」と述べた。	
	(　)	パーレン	補足や語句を説明する	SNS(Social Networking Service)	
	'　'　"　"	コーテーションマーク	横書きにおいて、かぎ括弧や二重括弧と同じように用いる	Aは'B'と'C'から構成される。	
つなぎ符号	-	ハイフン	数字の句切れを表示する	内線 123-2122	
	—	ダッシュ	区間の表示	東京—大阪	
	〜	波形、波ダッシュ	区間を表示する	11:30〜12:00	
	…	三点リーダ	文章を省略する	Aについては、…。	

分類	記号	よみ	説明	用例	記事
しるし物	※	こめじるし	補足する	AはBに由来する。※諸説あり	英語文化圏では使用されない
	*	アスタリスク（アステリスク）、星じるし	用語を解説する	LaTeX*の使用が推奨される。… *数式表現に適した文書処理ソフトウェア	
その他	pp.、p.	ページ	ページ数を表示する	pp. 10-11、p. 10	複数のページの表示はppを、1ページの表示はpを用いる
	©	コピーライト、丸シー	著作権表示を意味する	Copyright © 2018 T. Ikegawa.	6.3.5節参照

a)「。」を「マル」と呼び、「.」を「（全角の）ピリオド」と呼ぶ。
b)「、」を「テン」と呼び、「,」を「（全角の）コンマ」と呼ぶ。
【出典】書籍[1, 8.6節]、[3, pp. 106-107]と[28]を参考に作成

注 3.5　数学記号の規則

　数式による表現や解析を取り扱う学問である「数学」は、理学や工学のさまざまな科学分野での重要な基礎となっている。このため、天才数学者カール・フリードリヒ・ガウスは、「数学は『科学の女王』である」と表現した。

　当然のことながら、ギリシャ・ラテン文字を含む数学記号にも慣習的な規則がある（例えば、関数 f、比率 r、定数 c、確率 p、パラメータ・角度 θ やかっこ類の順序 $\{[(\cdots)]\}$ 等）。数学記号の（慣習的な）規則の詳細については、文献[27]を参照して欲しい。

3.8　明瞭な表現

　「『高い』温度」や「『著しく』増加した」のような形容詞や副詞を用いると、曖昧な表現になる。これを避けるために、数値を用いた客観的な表現を用いると、明瞭な文となる。

例3.14　数値化による表現

取扱説明書での文を考える。

●原文

その物質を十分に熱しなさい。

●改善案

その物質を <u>80°C になるまで</u> 熱しなさい。

【解説】　原文での「十分に」の語句は曖昧である。読み手が誤った解釈をした場合、事故が発生するかもしれない(1.4節参照)。改善案のように、具体的な数値を使って明瞭な文にすべきである。

第4章

簡潔・論理的な文章の作成技法

本章では、1.5節において概説した「3C+L」ルールの要素のうち、「Concise」(簡潔に)と「Logical」(論理的に)に焦点をあてる。以下、文書モジュールの基本要素であるパラグラフ、文、単語レベルにおいて、簡潔・論理的に文章を作成する技法を説明する。

4.1 パラグラフレベル

長い話題の会話は、一呼吸を入れて間をとるようにすると、聞き手にとってわかりやすくなる。文書も同様に、適切にパラグラフ分けすると、文章の簡潔さが増す。

パラグラフ分けの目的は次の通りである。

- 見栄えを良くし、読みやすくさせるため
- 文章の論理展開を明確にさせるため

本節では、この目的を達成する手段である「一パラグラフ一主題」(ワンパラグラフ・ワントピック)や「主題文」(トピックセンテンス)を中心に説明する。

4.1.1 パラグラフの区切りの表記方法

図4.1(次ページ)に示すように、パラグラフの区切りの表記法として次の3通りがある[29, pp. 82-83]。

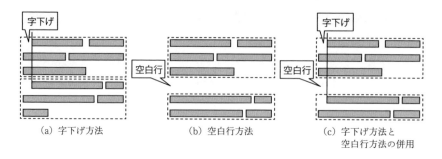

図 4.1 パラグラフの区切りの表記方法

字下げ方法：パラグラフの切れ目を書き出しの字下げ（インデント）で表す。公式性の高い方式である。会社を代表する文書や論文等では好まれる。

空白行方法：パラグラフの切れ目を空白行で表す。パラグラフの書き出しを字下げせずに、左側を揃える。電子メールや Web サイトのページでは、この方法が多用される（図 4.2 参照）。

図 4.2 Web ページでのパラグラフ分けの例
【出典】Web ページ[30]をもとに作成

併用方法：字下げ方法と空白行方法の併用である。他の方法と比べてパラグラフの切れ目をより強調できる。展示で用いるパネルでは、数メートル離れた距離でもパラグラフ分けを聴講者に理解させるように、この方法が使用されることが多い（例えば、展示風景の写真[31]参照）。

4.1.2 一パラグラフ一主題

パラグラフを1つの文書モジュールとして表現するために、パラグラフを構成する(複数の)文は同じ主題を説明している必要がある(1.8節参照)。これを「一パラグラフ一主題」[1]と呼ぶ(図4.3参照)。したがって、主題が変わる場合、パラグラフ分けしなければならない。

技術文書の種類によって異なるが、パラグラフの長さは読み手が一息つける長さである5～6行が良い。それより長いパラグラフは、1つのパラグラフに複数の主題が混在していることが多い。

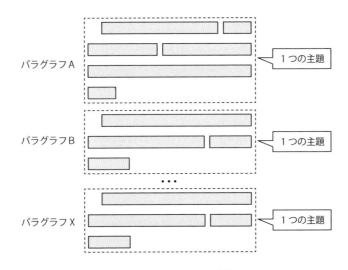

図 4.3 一パラグラフ一主題

注4.1 1つのパラグラフでの複数の逆接系接続詞の使用回避

一パラグラフ一主題の規則より、1つのパラグラフでは2つ以上の逆接の接続詞(しかし、だが等)を使ってはならない。このような接続詞を2つ以上使うと、1つのパラグラフに複数の主題が混在するため読み手は混乱する。

---

1) ワンパラグラフ・ワントピック(one pargraph, one topic)、ワンパラグラフ・ワンアイデア(one paragpah, one idea)等のさまざまな呼び方がある。

4.1.3 主題文

パラグラフ内の文の基本構成は次の通りである（図4.4参照）。

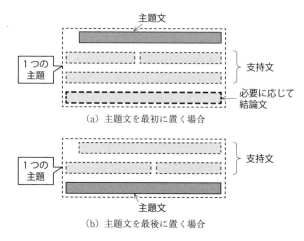

図 4.4 主題文、支持文と結論文

- 各パラグラフは、主題を表す文である主題文（トピックセンテンス：topic sentence）を1つだけ含む必要がある[2]。
- 基本的に、主題文をパラグラフの先頭に置く（図4.4(a)参照）。読み手は主題文を最初に読むことで、そのパラグラフの主旨をすばやく把握できる。
- 主題についての詳細を述べる支持文（サポーティングセンテンス：supporting sentence）を使って、主題文を補足する。
- 必要に応じて、パラグラフ全体の内容をまとめる結論文（コンクルーディングセンテンス：concluding sentence）をパラグラフの最後に置く。
- 1つのパラグラフの中で理由や根拠を説明した後、結論を示した方が好ましい場合、主題文をパラグラフの最後に置くと良い（図4.4(b)参照）。

コラム 4.1　PREP 法

「Point(結論) → Reason(理由) → Example／Evidence(その理由の妥当性を示す事例／証拠) → Point(まとめ)」の流れで話す方法を PREP 法とよぶ。PREP 法は、ホウレンソウ(報告・連絡・相談)のようなビジネスの場面で効果的である。PREP 法の流れは、図 4.4(a)で示したパラグラフの構成である「主題文 → 支持文 → 結論文」と同じであることがわかる。

例 4.1　お詫びの文章

以下のお詫びの文章での主題文(下線文)を示す。

<u>私は、2017 年 3 月 24 日(金)に、帰宅中電車の中で社用のスマートフォンを紛失していることに気づきました。</u>直ちに交通機関へ確認しましたが、現在のところ見つかっておりません。他の人が操作できないようスマートフォン通信会社へ遠隔ロックを依頼するとともに、警察へ遺失物の届出をしました。

お客様の個人情報を含むスマートフォンを紛失したことによって関係者に多大なご迷惑をおかけするかもしれません。<u>心からお詫び申し上げます。</u>

<u>現在、「個人情報を含む機器の紛失手順」に従い手続きを進めております。</u>今後は、このような不始末を起こさないよう深く注意を払う所存です。

【解説】　各パラグラフの主題は次の通りである。

　　最初のパラグラフ：「社用のスマートフォンを紛失した」という不始末を起こしてしまった。
　　2 番目のパラグラフ：その不始末に対してお詫びしたい。
　　最後のパラグラフ：不始末に対する対応「内規に従って手続きを進める」を行っている。

なお、各パラグラフの主題文のみを読むだけで、全体の概要と論理展

---

2)　一パラグラフ一主題の規則により、1 つのパラグラフは 1 つの主題を論じる。よって、1 つのパラグラフでは、複数の主題文があってはならない。

開を把握できることがわかる。この例での論理の流れは「起(事実)」→「承(お詫び)」→「結(今後の対応)」である。

複数のパラグラフから構成される文章では、筋道がわかるように各パラグラフの主題文を作成すると良い(例4.1の解説参照)。これによって、読み手は、各パラグラフの先頭または最後に置かれた主題文だけを読み進めれば、文章全体の要旨を把握できる。

例 4.2　節内の主題文の集まり

節「はじめに」での例を図4.5に示す。各パラグラフの主題文だけを

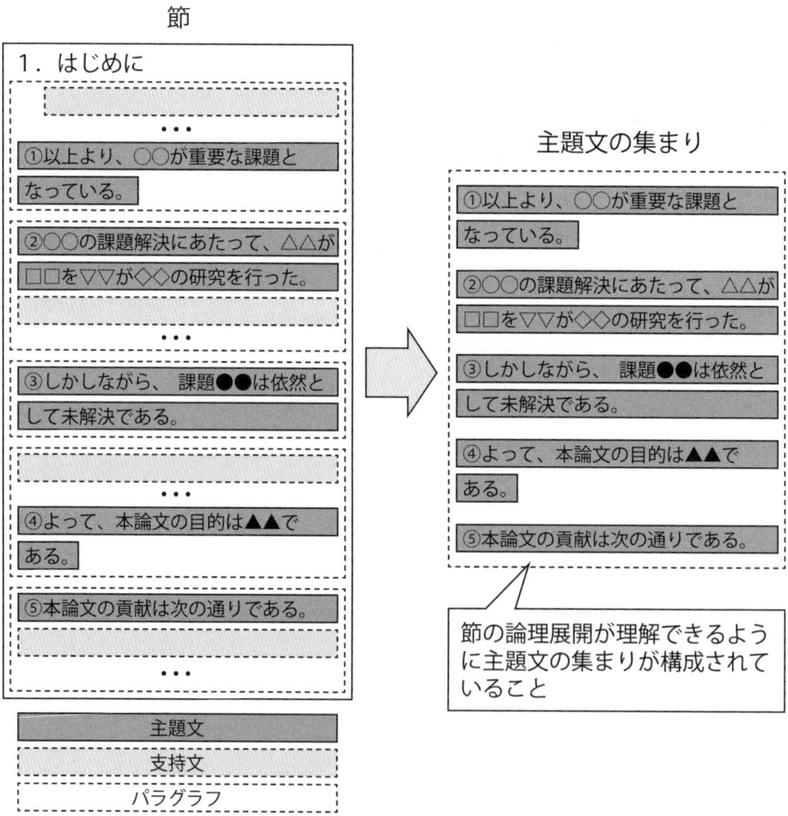

図 4.5　節内の主題文の集まり

読むだけで、節全体の概要や論理展開が把握できるように構成することが望ましい。

4.1.4 論文内の文章の論理展開

読み手が混乱なくパラグラフの主題を把握するためには、パラグラフを構成する文の流れを円滑にする必要がある。すなわち論理的に各文がつながっている必要がある。そのためには、以下の3つの方法を使うと良い。

キーワードの活用

ある主題を、文から文に受け渡す流れを作るためには、前の文で使われたキーワードを繰り返すと良い。

例 4.3　キーワードを引き継いでいる文章

●例
XはAとBから構成される。AはYを有し、BはCを有している。CはZとWから構成される。

【解説】　最初の文のキーワードはAとBである。2番目の文では、キーワードAとBを受け継ぎ、新たなキーワードCを用いている。3番目の文では、キーワードCを受け継いで展開している。このようにキーワードが自然と受け継がれている文章は、読み手によって論理的であると感じられる。

適切な接続詞の活用

文と文とを、適切な接続詞でつなぐと論理的となる。

例 4.4　接続詞

●原文
A大学では、最高速度が 200 km/h の試験車を開発した。この試験車の最高速度は商用車のそれより小さかった。エンジンのいくつかの部品を改良した。

試験車の最高速度は 300 km/h となった。

●改善案
A 大学では、最高速度が 200 Km/h の試験車を開発した。<u>しかし</u>、この試験車の最高速度は商用車のそれより小さかった。<u>そこで</u>、エンジンのいくつかの部品を改良した。<u>その結果</u>、試験車の最高速度は 300 Km/h となった。

【解説】　原文では、文と文をつなぐ語を意味する接続詞がないためわかりにくい。主張が大きく変わる場合や強調したい場合は、改善例のように適切な接続詞[3]を使って、読み手が論理の展開を容易に予想できるようにすると良い。

表 4.1 に接続詞の例を示す。

表 4.1 接続詞の例

論理関係	接続詞の例	意味
付加	そこで、さらに、そして[a]、また[b]	前文に続き同じ主張で情報を付加する
根拠・理由	なぜなら、というのは	前文までの内容に対して理由を述べる
帰結	したがって、よって、ゆえに、その結果、以上より	前文までの内容をまとめて結論を示す
総括	つまり、すなわち	前文までの内容に言い換えて解説する
逆接	しかし、ところが、〜にもかかわらず	前文までの内容に対して逆の主張を示す
対比	一方、〜に対して	前文までの内容に対して対比を示す
補足	ただし	前文までの内容に対して異なる方向から補足する
例示	例えば	前文までの内容に対して例を示す

[a] 接続詞「そして」は文と文との関係を明確に示さないため、通常、技術文では使用されない[32, p.22]。
[b] 接続詞「また」の多用は避けた方が良い (4.2.4 節参照)。

基本的な文の展開順序と論証

パラグラフ内の文の代表的な展開順序として、時間順、例示、事実／根拠、因果関係がある。論文のような高い論理性が求められる技術文書では、演繹

法や帰納法のような論証（与えられた命題の真偽を正当化する推論方法）が多用される。

　これらの展開順序と論証を使ってパラグラフ内の文を構成すると、読み手への主張点の説得力を増すことができる。

　付録Bでは、文の展開順序と論証を、具体的な事例を使って解説している。

4.2 文レベル

　パラグラフを構成する下位の文書モジュールが「文」である（1.8節参照）。文を簡潔に書くようにすると、文のまとまりとしての簡潔さが増し、結果的に文書全体が読みやすくなる。

　本節では、文レベルでの簡潔化手法である、一文一義、能動態や箇条書きの活用を説明する。

4.2.1 一文一義

1文を短くするとわかりやすくなる。筆者が失敗した事例をもとに考察する。

例 4.5　長文による失敗例

●原文：イベントのポスター文

　数学・数理科学は、ICT分野、金融・保険分野、製造業分野を含むさまざまな産業分野での基盤となる学問として認知されてきました。この度、「学」の若手研究者と「産」の研究者・採用人事担当者を迎え、若手研究者に対し、研究の拡がり、「産」への応用展開の可能性、そして数学の思わぬ力への認識を深めてもらうとともに、若手研究者の「産」へのキャリアパス構築を目的とした交流会を開催いたします。

●改善例

　数学・数理科学は、ICT分野、金融・保険分野、製造業分野を含むさまざま

---

3)「その結果」は連体詞と名詞の組み合わせであるため、正確には接続詞ではない。本書では、文と文の関連性を示すという意味で、これらも接続詞として取り扱う。

な産業分野での基盤となる学問として認知されてきました。この度、「学」の若手研究者と「産」の研究者・採用人事担当者を迎えた<u>研究交流会を開催します</u>。<u>本研究交流会</u>を通して、若手研究者に対し、研究の拡がり、「産」への応用展開の可能性、そして数学の思わぬ力への認識を深めてもらうとともに、若手研究者の「産」へのキャリアパス構築を<u>狙います</u>。

【解説】 原文の2番目の文は、126文字である。多くの情報が詰め込まれた長文となっているため非常にわかりづらい。1文は30字以内が良いとされており、80字を超えるとわかりにくくなることが知られている[33, p.197]。

　筆者は、改善案に示すように、2番目の文を2文に分け、各文には1つの事柄だけを書くこと、つまり「一文一義」[1]を駆使すべきであったと反省している。

一文一義の簡単な事例を次にあげる。

例 4.6　一文一義

●原文
ラジエーターとは、燃焼で発生した高温の熱エネルギーの一部を、機関の外部へ放出するための放熱器であり、熱交換器の一種である。

●改善例
<u>ラジエーターは熱交換器の一種である</u>。その機能は、燃焼で発生した高温の熱エネルギーの一部を機関の外部へ放出することである。

【解説】 原文では1つの文に2つの事柄が記載されている。改善例のように、2文に分け主題文（下線文）を先頭に置くと良い。

次に、多用しがちな接続助詞「が」を考察する。
接続助詞「が」には、文と文をつなぐ役目がある。不用意に「が」を使用すると、文が長くなってしまう[34, pp.175-177]。

例 4.7 接続助詞「が」

●原文

例1．みかんを食べてみたが、予想通りの味であった。

例2．桜が満開となり花見の季節を迎えたが、寒い日が続いた。

●改善例

例1：みかんを食べてみた。予想通りの味であった。

例2：桜が満開となり花見の季節を迎えた。しかし、寒い日が続いた。

【解説】「が」は、状況によって順接または逆接の意味を持つ。例えば、例1の文での「が」は順接である。一方、例2の文では逆接である。したがって、改善例のように、次の規則にしたがって2つの文に分けると良い。

　　順接の「が」：接続詞を使用せずに、文を2つに分割する。

　　逆接の「が」[5]：

1. 文を2つに分割する。
2. その上で、「しかし」、「まだ」等の適切な逆接系の接続詞を使って文をつなぐ。

4.2.2　能動態の活用

3.6節で、能動態と受動態の使い分けを説明した。能動態の文は、受動態と比べて強い印象を読み手に与えるとともに短くなる。簡潔性が求められる科学・技術文書では、3.6節で述べたような特別な用例を除いて、できる限り能動態の使用を勧める[34, pp. 166-168]。

注 4.2　人名の表記

能動態を使用する場合、「人」が主語となることが多い。次に、論文のような学術的文書での人名の表記について説明する。

---

4) ワンセンテンス・ワンメッセージ、一文一意ともいう。
5) 短い文の場合、当該文を2文以上に分け接続詞を加えることによって、結果的に長い文章になることがある。このような場合は、接続詞「が」を用いた方が良い。

執筆者：執筆者の人称として、「筆者」、「報告者」、「筆者ら」、「報告者ら」のような三人称を用いる。「私」や「私達」の一人称を使用しない。これは、第三者つまり三人称の立場で文章を記述することにより、文書の内容の客観性を高めることによる。

「筆者」の代わりに「著者」を用いる執筆者を見かける。しかし、「著者」は、「書籍等の著作者」を意味する時や他人の論文の作者を呼ぶ時に用いられる。これらの混同を避けるために、自身を表現する場合には、「筆者」に統一した方が良い。

文中での人名：謝辞を意味する文を除いて、人名には敬称をつけない[6]。例えば、「山田は〇〇を明らかにした」のように敬称「氏」をつけない。

本書では、前述の規則に従って人名を表記している。

学術的文書以外であえて敬称をつけない場合は、人名の初出や文書の最後に「敬称略」と記載すると良い。

例4.8 論文での「筆者ら」の使用

論文での一例を図 4.6 に示す。

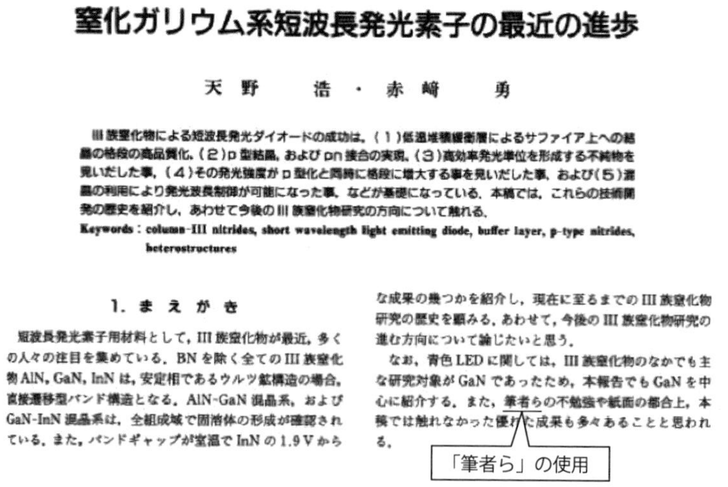

窒化ガリウム系短波長発光素子の最近の進歩

天野 浩・赤崎 勇

III族窒化物による短波長発光ダイオードの成功は、（1）低温堆積緩衝層によるサファイア上への結晶の格段の高品質化、（2）p型結晶、およびpn接合の実現、（3）高効率発光単位を形成する不純物を見いだした事、（4）その発光強度がp型化と同時に急増大する事を見いだした事、および（5）遷移の利用により発光波長制御が可能になった事、などが基礎になっている。本稿では、これらの技術開発の歴史を紹介し、あわせて今後のIII族窒化物研究の方向について触れる。

Keywords : column-III nitrides, short wavelength light emitting diode, buffer layer, p-type nitrides, heterostructures

1. まえがき

短波長発光素子用材料として、III族窒化物が最近、多くの人々の注目を集めている。BNを除く全てのIII族窒化物 AlN, GaN, InN は、安定相であるウルツ鉱構造の場合、閃亜鉛鉱型バンド構造となる。AlN-GaN 混晶系、およびGaN-InN 混晶系は、全組成域で固溶体の形成が確認されている。また、バンドギャップが室温で InN の 1.9 V から

な成果の幾つかを紹介し、現在に至るまでのIII族窒化物研究の歴史を顧みる。あわせて、今後のIII族窒化物研究の進む方向について論じたいと思う。

なお、青色 LED に関しては、III族窒化物のなかでも主な研究対象が GaN であったため、本報告でも GaN を中心に紹介する。また、筆者らの不勉強や紙面の都合上、本稿では触れなかった優れた成果も多々あることと思われる。

→「筆者ら」の使用

図4.6 「筆者ら」を使っている論文の例
【出典】論文[35]をもとに作成

【解説】 図4.6の論文は、コラム1.5で紹介したノーベル物理学賞受賞者である天野浩と赤﨑勇による、共著の青色LEDに関する解説論文である。図4.6から、執筆者の人称として、「私達」ではなく「筆者ら」を使用していることがわかる。

4.2.3 箇条書きの活用

文章の中に小さな項目が複数含まれている場合、箇条書きを活用する。ただし、箇条書きを用いる時は、以下を注意して欲しい。

1. 箇条書きの前に、何を列挙しているかを1文で説明する。
2. 並列法(3.2節参照)に従う。
3. 箇条書きの各文に見出しがある場合、見出しの後にコロン「：」を使って区切る(注4.3参照)。
4. 取扱手順のように各文に順序のような意味がある場合、文の並びの順序を考慮する。
5. 箇条書きを多用すると空白が目立つため、レイアウトに配慮する。

注4.3 コロン「：」

英語の技術文書でのコロン「：」とセミコロン「；」の用法は確立している[5, pp. 165-180]。コロン「：」は、前の文や語句を補足説明する時に用いられる。よって、日本語の技術文書においても、見出しの後に置く句読点は、セミコロン「；」ではなくコロン「：」とする。

注4.4 各項目の文末の句読点

箇条書きで各項目の文末の句読点については、文法上の厳格な規定は見当たらない。論文誌のテンプレートや契約書のようなビジネス文書を参考にした慣習的な規則を次に示す。

  単語の集合体や体言止め(つまり文末が名詞)の場合：句読点をつけない

---

6) 書き言葉の敬称は「氏」である。一方、話し言葉の敬称は「様」である。

(例 4.9 参照)。ただし、文末が「こと」の場合、句点を使うことが多い。

【例：秘密情報管理に関する就業規則（抄）[36]】

第○条（服務規律）

1. 従業員は、職場の秩序を保持し、業務の正常な運営を守るため、職務を遂行するにあたり、次の各号に定める事項を守らなければならない。
    ○ 会社の施設、設備、製品、材料、電子化情報等を大切に取り扱い保管するとともに、会社の許可なく私用に使用しない<u>こと</u>。
    ○ （以下略）

述語を伴う完結した文の場合：句点「。」または「．」をつける。

例 4.9　箇条書き

箇条書きの例を図 4.7 に示す。

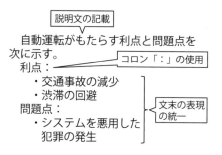

図 4.7　箇条書きの例

【解説】　箇条書きを使うことによって、要点が絞り込まれ簡潔な表現となる。そのため、読み手にとってわかりやすくなる。

3.2.2 節で述べたように、文末の表現を揃える並列法を適用すると、文章が整った印象を読み手に与えることができる。

コラム 4.2　順序付けの規則

　会議の席順、式典での挨拶の順序等の順序付けには、出席者の位置づけや役職に応じて慣習的な規則がある。このような規則を含むビジネスマナーについては、多数の指南書が出版されているので、新社会人には恥をかかないよう一読を勧める。

　文書の世界でも、複数の事項を並べる場合、読み手が納得する規則を必要とする。最も悩む例が、順位が同じである(つまり同列の)複数の要素の並びである。そのような例でも名称の五十音順を適用する等、他者から理由を求められた時に質問者が納得する答えを用意しておく必要がある。

4.2.4　冗長な語句の削除

同義語の削除

　同じ文の中に同じ意味の言葉(同義語)を繰り返すと、冗長で読みづらくなる。そこで、1つの文で複数の同義語がある場合は、不要な同義語を削除すると良い[34, pp. 173-175]。

> **例 4.10　同義語(その1)**
> ●原文
> そのコンピューターのタイプは大きく N 種類のタイプに分けられる。
>
> ●改善案
> そのコンピューターは大きく N 種類に分けられる。

　【解説】　原文では、「タイプ」が2度使われるとともに、「種類」はタイプを意味する。したがって、改善案のように修正すると冗長性がなくなる。

例 4.11　その 2

●原文
その理由は重量が変化するからである。

●改善案
それは重量が変化するからである。

【解説】「からである」は、理由を意味する述語である。原文のように主語に「理由」があると冗長となる。改善案のように主語の中の「理由」を削除すると良い。

連続する助詞「の」の見直し
　言葉と言葉をつなぐ助詞の「の」を 3 つ以上連続して使うと、稚拙な印象を読み手に与え、かつ読みづらくなる。

例 4.12　連続する助詞「の」

●原文
論文[1]の〇〇定理の証明の論理に誤りがある。

●改善案
論文[1]に示されている〇〇定理の証明には、論理に誤りがある。

【解説】　原文のように「の」が 3 回以上連続して使われると違和感を感じる。改善案のように修正すると良い。

接続詞「また」
　接続詞「また」は使用頻度が最も高い接続詞である[32, pp. 26-28]。「また」は、2 つの文の関係を明確にするより、「ついでに言えば」、「付け加えれば」という曖昧な意味合いで用いられることが多い。このため、「また」の多用は避けた方が良い。

例 4.13 「また」の多用

●原文
物質 A に物質 B を加えると、物質 A の温度は上昇した。また、その上昇率は物質 B の質量に比例した。

●改善案
物質 A に物質 B を加えると、物質 A の温度は上昇した。また、その上昇率は物質 B の質量に比例した。

【解説】 原文の「また」に続く内容は、付加的ではなく対等な関係である。よって、改善案のように「また」を削除しても違和感がない。
　「また」が不要な代表例は、
- 「また」を入れなくても、前の文とのつながりが不自然でない場合
- 文の最初に、「この、その」のような前の文の一部を指す表現がある場合

である [32, p. 26]。

「行い」言葉の回避

「名詞＋する、行う」という表現を「行い」言葉という。「行い」言葉を多用すると、文が長くなってしまう。

例 4.14 「行い」言葉

●原文
本研究では、〇〇の実験を行うために、□□の装置の開発を行った。

●改善案
本研究では、〇〇を実験するために、□□の装置を開発した。

【解説】 改善案のように、1 語で表せる動詞を使うと、文が短くなり読みやすくなるとともに、強い印象を読み手に与える。

4.3 単語レベル

本節では、単語レベルでの簡潔化技法や不快な印象を読み手に与えない作法を説明する。

4.3.1 略称

長い同一単語が数回繰り返される場合、冗長な印象を読み手に与える。この場合には、文書内で最初にでてくる当該単語の箇所で、その略称を定義しておく。それ以降は略称を用いる。

4.3.2 記号や用語の定義

技術文書では、記号や用語は共通言語として広く用いられており、誤解の恐れがない場合には、改めて定義せずに用いてもよい。一方、認知度が低く他と混同される恐れがある場合は、定義する必要がある。

学術論文誌によっては、投稿規定に汎用的な記号や用語が記載されているので、投稿規定を確認すると良い。

4.3.3 不適切な語句の使用禁止

「基本的人権の尊重」は、コミュニケーションを円滑に行う大前提である。よって、人種・性別・職業・境遇・信条・身体的特徴等の観点で、不愉快な思いを読み手や聞き手に抱かせる語句を、決して使用してはならない。「啓蒙」や「肌色」のように、意識することなく用いられている語句も、語源に遡ると人種差別につながっている。基本的に、自身が当事者となった時に不愉快と感じる語句を使用しないことが賢明である。

第5章

図表

「百聞は一見にしかず」の通り、図を使うことによって、読み手や聞き手に情報を効率よくかつ効果的に伝えることができる。表は、同一基準で複数の事象を比較・表現できる最も有効なツールである。本章では、効果的な図表の作成技法について解説する。

5.1 作成手順

図表は、データを単に可視化するものではない。データに潜む特徴や性質を読み手に効率よくかつ効果的に理解させるために、用いるものである。

図表は以下の特徴を有する。

- グラフや写真を含む図には、さまざまな種類がある。
- グラフには、軸の範囲の取り方により、同じデータでも見た目の印象が大きく異なる。この特性を悪用して、隠された意図のもとに図の軸を特定の範囲で選んだり、表のある範囲だけ切り取って示す等の操作が行われることがある[37, pp. 166-168]。
- 表題の位置等の図表の脚色には、慣習的な規則がある。学会や論文誌ごとに、守るべき規則が投稿規定に記載されている。

このような特徴を踏まえ、図5.1（次ページ）に示す手順に従い、正しい図表作成を心掛けねばならない。

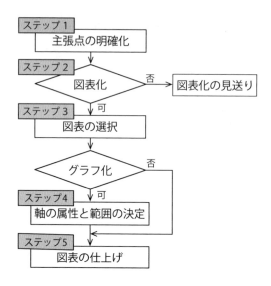

図 5.1 図表の作成手順

例 5.1　図表の作成手順

　気圧 100 kPa のもとで、システム A の温度に対する電圧を測定すると、表 5.1 に示すデータが得られた。

表 5.1　システム A における気圧 100 kPa の時の温度に対する電圧

温度(℃)	9	10	20	30	40
電圧(V)	9.9	12.3	13.7	16.7	17.5

ステップ1：実験の目的や表 5.1 に示した結果から、「温度は電圧にわずかな影響を及ぼす」ことを主張点とする。
ステップ2：この主張点を読み手に納得してもらうために、図を用いることにする。
ステップ3：温度の電圧への影響を考察するため、温度を横軸に、電圧を縦軸にとることにする。横軸にする温度は「量的データ」(注 5.2 参照)であるため、折れ線グラフを選択する。
ステップ4：主張点より縦軸の範囲を [48, 54] とする。

ステップ5：表題、軸のラベル、凡例をグラフ上に追記する。

上記の手順を通して作成されたグラフを図5.2に示す。

参考までに、縦軸の範囲を[0, 100]とした時の折れ線グラフを図5.3に示す。図5.3は、「電圧は温度にほとんど影響を与えない」つまり主張点とは異なる印象を読み手に与える。

一方、図5.2は、「電圧は温度の増加に従って増加している」という印象を読み手に与える。よって、読み手は図5.2を通して、ステップ1で述べた主張点を容易に受け入れることができる。

このように、縦軸の範囲の取り方が異なるだけで見た目の印象が大きく異なり、同一データでも結果的に異なった解釈を読み手にもたらすことに注意して欲しい。

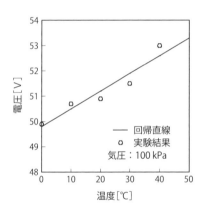

図 5.2 縦軸の範囲を[48, 54]とした時のシステムAの温度に対する電圧

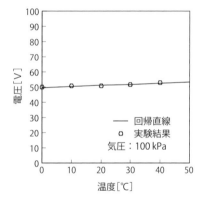

図 5.3 縦軸の範囲を[0, 100]とした時のシステムAの温度に対する電圧

5.2 図表を使用する場合

図表を使用すべき場合を次に示す[34, pp. 124-130]。

数値データから得られた主張点を簡潔・明瞭に示す場合：技術文書では、数値データを記載することが多い。この数値データの要素数が大きくなると、読み手がその主張点を容易に理解することは困難となる。

図5.4(a)の例では、2×24個の数値をグラフを使って表現している。文字や表のみの表現では、紙面を無駄に使用するだけではなく、読み手は主張点「2000年を起点に共同研究数の増加率が大きくなった」を容易に理解できない。

複数の要素の関係を簡潔に表示する場合：複数の要素の関係も文字を使って表現できる。しかし、文字だけで表現すると、前述の場合と同様に、無駄な紙面の使用と主張点の理解の困難さをもたらす（図5.4(b)参照）。

図表を使うことが慣例となっている場合：技術文書の対象となる専門分野によっては、伝統的に図表を用いることが慣例となっている場合がある。典型例として、電子情報通信分野で用いる回路図やフローチャートがあげられる。このような図表の作成では、決められた記号と表記法を忠実に遵守しなければならない。

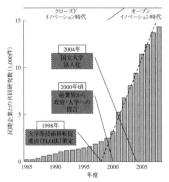
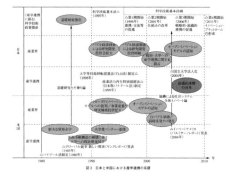

(a) 数値データから得られた主張点を簡潔・明瞭に示す場合
【出典】拙稿[9, 図2]
Copyright © 2011 IEICE　許諾番号：17KA0084

(b) 複数の要素の関係を簡潔に表示する場合
【出典】拙稿[9, 図3]
Copyright © 2011 IEICE　許諾番号：17KA0084

図5.4　図表を使用する事例

5.3 図の種類

図はグラフ、関係図、写真、テクニカルイラストレーション(technical illustration)とに大別される。次に、それぞれの特徴を説明する。

グラフ：グラフの種別の代表例を次に示す(次ページ図5.5参照)。
折れ線グラフ：横軸のデータが質的または量的である時、縦軸のデータの傾向を表現するのに適している。なお、質的データと量的データの違いについては、注5.2を参照して欲しい。
棒グラフ：横軸のデータが質的である時、縦軸のデータの傾向を表すのに適している。ただし、棒グラフを使って大量のデータを表示させると、多数の棒の枠線が美観を損ねてしまう。このような場合、折れ線グラフを使用すべきである。
円グラフ：複数の項目の割合を示し、各項目の割合を対比するのに適している。
積み上げ棒グラフ：円グラフと同様に複数の項目の割合を示し、各項目の割合を対比するのに適している。特に、各項目の割合の時系列的変化を示す場合、効果的である。
レーダーチャート：複数の項目間のバランスを表示するのに適している。
散布図：相関関係のような2つの項目の関連性を表示するのに適している。
関係図：複数の要素の関係を表現するために使われる(図5.4(b)参照)。
写真：対象物の細かな部分まで、実物にきわめて近い形で正確に伝えたい時、使用される(091ページ図5.6参照)。
テクニカルイラストレーション：手書きによる簡単な図から専門家による精細な図まで、広範囲にわたる。その特長は、読み手に伝えたい事柄を強調して描くことができる点にある(図1.12参照)。

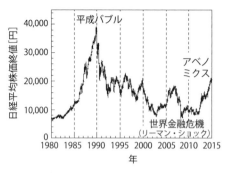

(a) 折れ線グラフ（日経平均株価終値の時系列）
【出典】Web サイト https://fred.stlouisfed.org/ の情報を使って作成

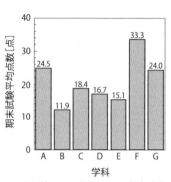

(b) 棒グラフ（学科ごとの期末試験平均点数）

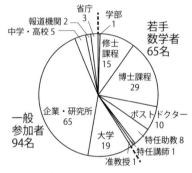

(c) 円グラフ（学会会合での参加者種別の割合）
【出典】拙稿 [38, 図 1]

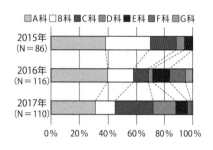

(d) 積み上げ棒グラフ（学科ごとの受講者比率の推移）

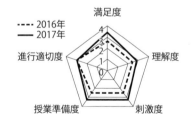

(e) レーダーチャート（受講者によるアンケート調査結果）

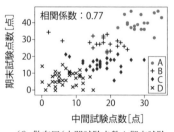

(f) 散布図（中間試験点数と期末試験点数の分布）

図 5.5　グラフの例

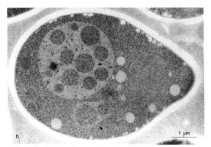

図 5.6 2016年ノーベル生理学・医学賞「オートファジーのメカニズムの発見」の受賞論文での写真 [39, Figure. 2]
Copyright © 1992, Rockefeller University Press, K. Takeshige, M. Baba, S. Tsuboi, T Noda, and Y. Ohsumi, Journal of Biology, vol. 119, no. 2, Oct. 1992, pp. 301–311. DOI: 10. 1083/jcb.119.2.301

注 5.1　ヒストグラムと棒グラフ

　ヒストグラム（histogram）は、区間（階級の幅）を定め、その区間に該当する個数を棒の高さとして表現するグラフである（図 5.7 参照）。そのため、ヒストグラムの形状は棒グラフと似ている。

　図 5.5（b）と図 5.7 を、注意深く見比べて欲しい。棒グラフでは各棒の間にスペースがある。一方、ヒストグラムにはそのスペースはない。つ

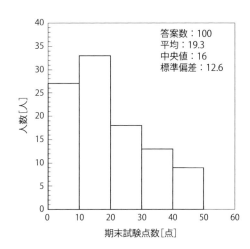

図 5.7　ヒストグラム（期末試験点数の分布）

まり、棒グラフとヒストグラムは、使用目的が全く異なるグラフであることを認識して欲しい。

注 5.2　質的データと量的データ

「横軸のデータが質的または量的か」の判断結果をもとに、グラフの種別を選択すると良いと述べた(例 5.1 でのステップ 3 参照)。アメリカの心理学者スタンレー・スティーブンが、論文[40]で提唱した「測定尺度」の概念を使うと、質的データと量的データは表 5.2 のように整理される。

表 5.2　質的データと量的データ

データ種別	測定尺度	意味	例
質的	名義尺度	便宜的に数字で表現した値	性別　1：男性　2：女性
	順序尺度	順序には正しい意味をもつが、間隔(数値の差)には正しい意味を持たない値	着順　1位、2位、3位
量的	間隔尺度	0 は特別な意味を持たず、間隔のみに正しい意味を持つ値	摂氏(セルシウス)温度[a]
	比率尺度	0 は原点としての意味を持ち、間隔にも比率にも正しい意味を持つ値	絶対温度[b]、身長

[a] 摂氏表示の温度が 0°C から 20°C に変化した時、「温度が 10 上昇した」は正しい。しかし、摂氏表示の温度の最小値は −273°C であるため、「温度が 2 倍になった」は厳密には正しくない。つまり、差には正しい意味を持つが、比率には正しい意味を持たない。

[b] ケルビン表示の温度が 10 K から 20 K に変化した時、「温度が 10 上昇した」と「温度が 2 倍になった」は、ともに正しい。つまり、差と比率ともに正しい意味を持つ。

横軸を質的データであり、名義尺度でもある性別にした時の棒グラフと折線グラフの例を図 5.8 に示す。図 5.8 から、横軸のデータが質的である、つまり数値的な連続性をもたないため、棒グラフが視覚的に好ましいことがわかる。

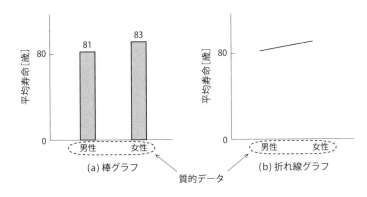

図 5.8 横軸が質的データの時の棒グラフと折れ線グラフ

注 5.3 横軸と縦軸の属性の選択

原因を意味する属性を横軸に、結果を意味する属性を縦軸にすると良い。例えば、数学の世界では、x の値(原因に相当する値)に対して y の値(結果に相当する値)が数式 $y = f(x)$ によって定められる場合、(x, y) の数値データの集合をグラフを使って表現する時、x の値は横軸(x 軸)に y の値は縦軸(y 軸)にとる。

5.4 表

表を使うことによって、複数ある事象を統一的基準(項目)で表現することができる。これは、読み手の理解を深める効果をもたらす。

表の構成は次の通りである(次ページ図 5.9 参照)。

- 行(横方向)と列(縦方向)の二次元構成である。
- 列記する事象を行に配置し、これらの事象を特徴付ける項目を列に割り付ける。数字以外のデータ(例えば文字列)を使用することも可能である。
- データの未入手や適用不可等の理由で記載すべき情報がない欄には、空欄にせず、省略符号(—)または NA(Not Applicable または Not Available の略)を記載する。

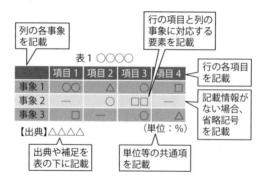

図 5.9 表の構成

5.5 図表作成の基本規則

図表作成の基本的な規則は次の通りである（図 5.9 と図 5.10 参照）。

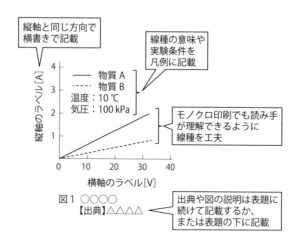

図 5.10 図の構成

1. 図と表には、「図1」や「表2」のように通し番号をつける。技術文書に図や表が1つしかない場合でも、図1や表1のように番号をつけることを勧める。

2. 本文中では、必ず図や表に言及する(例 5.2 参照)。
3. 表題(キャプション：caption)は、本文を読まないでもその図や表の中身が理解できる表現にする。
4. 図の場合は図の下に、表の場合は表の上に、表題を置く。
5. 図表の出典や図の簡単な説明については、図の場合は表題に続けて記載するかまたは図の下に、表の場合は表の下に記載する。
6. モノクロ印刷でも理解できるように工夫する。例えば、線種として実線だけでなく点線(破線)を併用する。
7. 凡例を使って、図中に各々の記号や線種の意味を記載する。主要な実験条件も凡例に記載する。
8. 「余白の美」を損なわない限り、数値を併記する。これにより、図で示したデータの信頼性が向上する。

例 5.2　図表の言及例

例 1：異なる X の値に対する Y の値を表 1 に示す。表 1 より、〜がわかる。
例 2：X と Y には正の相関関係が存在する(図 1 参照)。

上の例では、「(図 1 参照)」を「(図 1)」としても良い。

コラム 5.1　図表における表題の位置

5.5 節で「表題を、図では下に、表では上に置く」と述べた。残念ながら、この理由を記した文献を見つけることができなかった。筆者の仮説ではあるが、この理由の 1 つとして「読み手の最初の視点」が考えられる。例えば、図の場合、読み手の最初の視点は、座標を定める際の基準となる点である「原点」になることが多い。一方、表の場合、価値が高い情報ほど上の行に記載されるため、読み手の最初の視点は、表の最初の行つまり表の最上部になりやすい。

コラム 5.2　データサイエンスと可視化

　ICT の進展に伴い、大量で多種多様のデータ（ビッグデータ）を収集できるようになった。さらに、計算処理能力の著しい向上により、短時間でビッグデータから有意義な知見を見出すことが可能となった。この新しい科学分野は「データサイエンス」と呼ばれ、現在大きな注目を浴びている。

　ビッグデータからそのデータに内在する傾向を見出す有効な方法の1つとして、グラフを用いたデータの可視化がある。本章で述べた図表の作成技術（例えば適切なグラフの種別の選択や可視化するデータ範囲の決定）は、ビッグデータの可視化にも役に立つであろう。

　人工知能技術の1つである機械学習を使うことにより、データの特性を自動的に見出すことが容易になった。例えば、図5.5(f)で示した散布図では、k平均法と呼ぶクラスタリング（グループ化）手法を使って、受講者を4つに分類した結果を示している。

　しかし、この分類結果の妥当性については、評価者自身が吟味しなければならない。つまり、機械により導きだされた可視化データは有益な知見を見出すための補助的なデータであって、得られた知見の妥当性については、人間が責任をもって判断することを忘れてはならない。

第6章

知的財産と研究倫理

　研究開発の段階で高度な発明が生じた場合、それを特許として権利化するためには、特許明細書と呼ぶ技術文書を作成しなければならないことを述べた(1.7.2節参照)。また、論文のような正式な出版をともなう技術文書の著作権は通常、作成者自身の所有とならないことも触れた(2.10節参照)。このように文書作成活動では、特許や著作権のような知的財産権に関して、自身および所属組織の権利確保と他者の権利尊重の両側面で留意しなければならない。

　他者が有する特許や著作権の権利を侵害すると、権利保有者から多大な損害賠償を請求される場合がある。また、公開された技術文書に剽窃(盗用)・捏造・改竄の跡が発覚されると、その著者および所属組織の社会的信用は大きく失墜する。

　そこで、本章では、研究者・技術者がこのような事態に陥らないよう、知的財産と研究倫理を解説する。

6.1 巨人の肩の上に立つ矮人

　科学・技術文書を対象とする検索エンジンである「Google Scholar」のトップページでは「巨人の肩の上に立つ」(standing on the shoulders of giants)の標語が、掲げられていることをご存知だろうか。この標語は「巨人の肩の上に立つ矮人」とも言われている(次ページ図6.1参照)。これは「偉大な先人達が創り出した膨大な知識(標語での「巨人」を意味する)の上に、自身の少ない知識や努力(標語での「矮人」を意味する)を加えて、新たな成果を産み出

図 6.1 巨人の肩の上に立つ矮人
【出典】http://lcweb2.loc.gov/service/rbc/rbc0001/2006/2006rosen0004/0015q.jpg
（2017 年 10 月 11 日参照）

すことができる」ことを比喩している[1]。

　この比喩は言い換えると、「先人の成果を用いることなく、独力で創造することはきわめて稀である」ことを意味している。つまり、自身が新たな成果を創出するためには先人の成果を利用せざるを得ないが、その利用にあたっては法的に定められた手続きを守らなければならない。特に、先人達の成果を利用して技術文書を作成する場合は、法律で定められた「引用」と呼ばれる手順を必要とし、6.4 節でその手順を詳しく説明する。

> **注 6.1　独創性、優先性と新規性**
>
> 　新たな成果であることを意味する用語として「独創性」(originality) と「新規性」(novelty) がある。これらの用語は、しばしば混同して使用される。これらは本来異なる概念である。通常、独創性があって、かつ優先性 (priority) がある場合に、「新規性がある」と判断される。
> 　独創性と優先性は次のように定義されている。
> 　　**独創性**：従来のものと比べて新しい発展があれば、「独創性がある」と判断される。既知のものから容易に類推できる場合、「独創性が

低い」と判断される[2]。よって、独創性を主張する場合は、引用等を使って既存の事例との違いを明確に述べなければならない(6.4節参照)。

優先性：世界で最初に発表(特許の場合、最初に出願)されていることをいう。

注6.2　先人の成果に対する敬意と謙虚さ

自身の成果の独創性を裏付けるために、先人の成果と自身の成果との差異を第三者に説明しなければならない。この説明の際、先人の成果に敬意を払うと同時に、「自身の成果は成人の成果を利用させてもらった」という謙虚さが必要である。

例えば、「文献[1,2]では○○については検討されていない」のような否定的な文だけを並べるのではなく、「文献[1]では△△を明らかにしている。文献[2]では□□を明らかにしている。しかしながら、○○については考慮されていない」のように先人の成果を肯定する文を忘れてはならない。

6.2　知的財産

本節ではまず、身近な事例をもとに知的財産制度の必要性を説明する。次に、法的に定められている知的財産権の例を概説する。

6.2.1　知的財産制度の必要性

以下のケースを考える[3]。

●ケーススタディ
1. C大学の学生であるあなたは、徹夜をして実験レポートを書き上げた。

---

1) 科学者アイザック・ニュートンも、1676年に論敵ロバート・フックに宛てた手紙の中で、同様の文をしたためている。
2) 特許用語では、「進歩性がない」と言われる(注13.1参照)。
3) 書籍[41, 1.1節]の内容をもとに作成した。

2. 悪友 W が、あなたに擦り寄り、「クラブ活動が忙しくて実験レポートが書けなかったので君の実験レポートを見せてくれないか」と懇願した。
3. あなたは断ったものの、悪友 W があなたの実験レポートを「無断で」持ち出し、それをもとに実験レポートを作成した。
4. 実験レポートの採点結果が返ってきた。
5. 悪友 W の採点結果があなたの採点結果より良かった。

「正義感のある」あなたは、上記を経験して非常に不愉快になるであろう。このような行為に対して罰則がない場合、不正コピーは学内で横行するとともに、良いアイデアを出した学生諸君は報われないことになってしまう。

その結果、C 大学の平均学力は低下してしまう。このような状況に陥らないために組織としての C 大学は、以下の施策を実施することが肝要である。

- 以下を学生に認識させる。
    - 学生が作成したレポートは、価値の有する成果物である。
    - このレポートを作成した学生は、その成果物の価値の所有権を有する。
    - レポートを作成した学生の許諾を得ることなく無断で模倣したことは、「作成者が保有する『価値ある権利』を侵害した」という不正行為にあたる。
- このような不正行為に対して処罰することを、学内で告知する。
- 実際に事例が発生した場合、厳格に対応する。

法律用語では、無形で価値ある成果物を「知的財産」と呼ぶ。その知的財産に与えられる権利を「知的財産権」と呼び、知的財産権を保護する法律を「知的財産法」と呼ぶ。

ビジネスの世界において、知的財産に対して法的保護がある場合と保護がない場合の例を、それぞれ図 6.2(a) と (b) に示す。知的財産権に対する法的保護がない場合、良いアイデアを出す人がいなくなり産業発展や文化振興が望めない。一方、法的保護があると、良いアイデアを出した人が報われ、その結果、アイデアの創出が隆盛となり産業発展や文化振興が見込まれる。

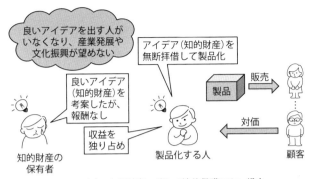

(a) 知的財産に対して法的保護がない場合

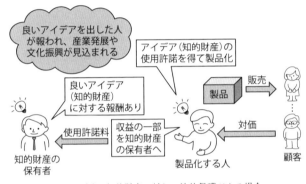

(b) 知的財産に対して法的保護がある場合

図 6.2 ビジネスの場面での知的財産に対する法的保護の有無

　ビジネスの場面では、他者の知的財産の権利を侵害した時、その権利の保有者から損害賠償を求められる場合がある。知的財産の価値は、個々の事例によって、解釈・判断が異なる。そのため、時に裁判のような第三者による裁定に発展することもある。

例 6.1　知的財産権の侵害またはその疑いが話題となった事例

　裁判まで発展した特許に関わる身近な例と、物議をかもした著作権に関わる例を次に示す。

●スマートフォンのデザイン・操作方法等（アップル対サムスン）

　「アップル製スマートフォンの外観やタッチパネルを使った操作

方法は、サムスン製スマートフォンと酷似している」と思う読者は多いのではなかろうか。ご多分に漏れず、アップルは2011年4月に各国で、スマートフォンのデザインや操作方法が自社特許を侵害しているとして、サムスンに対して損害賠償等を求めた。

これに対し、スマートフォン事業が収益の柱に育ったサムスンは、高速データ転送方式が無断で使われたとして、逆にアップルを訴えた。アップルとサムスンによる「訴訟合戦」の始まりである。

係争は世界で50件以上に及んだ。知的財産の価値に対する評価の難しさや各国の思惑により、訴訟の結果は裁判所ごとに異なり、この訴訟合戦は泥沼化した[4]。長引く訴訟合戦は、訴訟費用が膨らみ企業体力を消耗するだけである。このため2014年、両社はアメリカ以外での訴訟を取り下げることで合意した。本書の執筆時点では、まだアメリカでの争いは継続している模様である。

法廷闘争となった背景には、スマートフォン市場での両社の激しいシェア争いがある。この例は、「知的財産が、ビジネスの世界で生き残る上での重要な財産である」ことを示唆している。

ICT分野での知的財産に関わる紛争に興味ある読者は、書籍[43, 3章]を参照して欲しい。

● ノンアルコールビールの成分の数値（サントリーホールディング対アサヒビール）

（ノン）アルコールビールの市場は、数社による寡占状態である。このような市場の中で、さまざまな種類の商品がある。しかし、筆者の味覚ではどれも同じ様に感じる。

次に、日本で話題となったサントリーホールディングス（サントリー）とアサヒビール（アサヒ）との間で繰り広げられた、ノンアルコールビールに関わる特許紛争を紹介する。この紛争の背景にも、前例と同様に、両社によるノンアルコールビール市場での激しいシェア争いがある。

サントリーが2013年10月に、カロリーや糖質をゼロにしたままビールの味わいを維持させるために、エキス分等の数値を一定の範囲にすることを特徴とするノンアルコールビールの特許を取得した。

サントリーは、アサヒに対し「自社の特許を侵害している」として、2015年1月に製造・販売の差し止めを求める訴訟を東京地方裁判所に起こした。

2015年10月の一審判決では、サントリーの特許は先行事例より「容易に発明できる」つまり「独創性（進歩性）がない」として無効であるとし、サントリーの訴えを棄却した。しかし、サントリーは知的財産高等裁判所に控訴した。

2016年7月20日、知的財産高等裁判所で和解が成立し、サントリーは特許無効の審判請求をとりさげ、約1年半にわたる法廷での争いは終結した。

● 東京オリンピックエンブレム

著作権について、市民に真摯に考えさせる機会となったのが、2020年東京オリンピックエンブレム問題である。2015年7月24日、東京オリンピック・パラリンピック組織委員会（組織委員会）は、著名なデザイナーによる創作物を、公式エンブレムとして発表した。

その数日後、ネット上で「ベルギーの劇場のロゴと類似している」と指摘された。この劇場ロゴの創作者は「著作権侵害である」として、国際オリンピック委員会（IOC）に使用中止を求めた。これを契機に発展した類似性に関連する種々の論議を経て、最終的には、公式エンブレムを創作した著名なデザイナーは採用辞退を申し出て、組織委員会はこれを受け入れ、公式エンブレムは撤回された。

撤回に追い込まれた理由は、エンブレム自身の著作権の侵害ではなく、エンブレムの選考過程で使用した「いくつかの写真の無断借用（盗用）」であることを強調しておく［36, pp. 79-84］。

4）この争いの中で、アップルがキラー特許として位置づけたのが、スマートフォンのようなタッチパネル方式のユーザインタフェースで用いられる「バウンスバック（bounce back）特許」である。これは、利用者が画面を直接タッチしてスクロールしていき最終画面までに到達した時、画面内のオブジェクトを振動させることによって、利用者にこの状態を伝える方式である。特許要件である「技術的な高度性」については物議をかもしたが、日本では最終的に特許として認められた。「バウンスバック特許」に関わる特許戦略については、［42, pp. 42-43］を参照して欲しい。

6.2.2 知的財産権の例

さまざまな種類の知的財産権が規定されている(図6.3参照)。権利保護の目的の違いから、各権利の監督省庁は異なる。例えば、著作権[5]の保護は、文化の振興を目的としているため、この監督省庁は文部科学省の外局である文化庁である。一方、特許権を含む産業財産権の保護は、産業の発展を目的としているため、この監督省庁は経済産業省の外局である特許庁である。

著作権については、第三者による審査は不要である。一方、産業財産権については、特許庁での所定の審査を必要とする(1.7.2節、第13章参照)。

次の6.3節では、技術文書の作成上きわめて関係が深い著作権を中心に説明する。

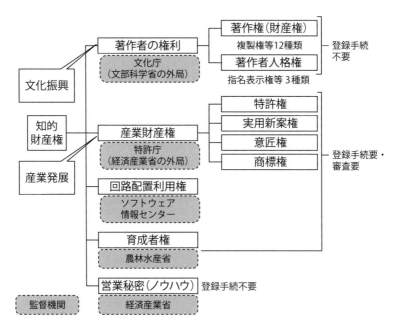

図6.3 知的財産権とその監督機関

注 6.3　特許出願および審査の経費と権利の存続期間

特許を出願および審査するためには、多大な費用がかかる。その費用では、特許事務所に依頼する明細書作成経費が大きな割合を占める。特許明細書の質、量、作成難易度等に依存するが、約 42 万円の経費[6]を必要とする（図 6.4 参照）。よって、費用対効果を熟慮して出願する必要がある。

特許庁の所定の審査を経て特許として認められたとしても、その権利の有効期間（「存続期間」と呼ぶ）は 20 年である。その期間を過ぎると、権利の保有者の許諾を得ることなく自由に使うことができる。

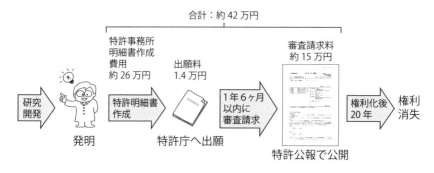

図 6.4　特許出願および審査の経費と権利の存続期間
【注】特許事務所での明細書作成費用については、日本弁理士会によるアンケート調査結果[44]を参考にした。

注 6.4　営業秘密と秘匿化戦略

知的財産の 1 つとして、営業秘密（ノウハウ）がある（図 6.3 参照）。設計図や製造方法のような技術情報および顧客の個人情報や応対履歴情報等の営業情報が、これにあたる。営業秘密は外部に漏れないように、「厳

---

5) 著作物を創作した人には、12 種類の財産権としての著作権（財産権）と 3 種類の著作者人格権が発生する。著作権（財産権）は財産的利益を保護するものであり、著作者人格権は人格的利益を保護するものである。本書では、これらの権利の総称を著作権と呼ぶ。なお、このうち著作者人格権は、他人に譲渡したり相続したりすることはできない（注 6.5 参照）。
6) 日本弁理士会による平成 21 年 10 月に実施したアンケート調査結果では、「特許出願（特表 2004-517010『改良型ボール紙パレット』（明細書 4 ページ、請求項数 5、図面 5 枚、要約書 1 枚）を仮定した時の事務報酬総額」の平均値は約 26 万円であると報告されている[44]。

秘」として組織内で管理されなければならない。

発明が生じた場合、その発明を守る手段として次の2つが考えられる。
- 特許化して、独占実施権を確保し公開するという方法
- 特許化せず、営業秘密として秘匿化するという方法

後者を「秘匿化戦略」と呼ぶ。

特許化または秘匿化する知的財産戦略の指針を付録Cで説明する。

6.3 著作権

著作権とは、著作物(創作性を有する著述)を創作した著作者がその著作物を独占的に利用できる権利である。この権利が発生するためには、独創性が必要である。

著作物の例を表6.1に示す[7]。

表6.1 著作物の例

種類	例
言語[a]	小説、脚本、論文、講演、詩歌、俳句
音楽	歌詞、楽曲
舞踊、劇	舞踊、バレエ、ダンス
美術	絵画、版画、彫刻、書、舞台装置、美術工芸品、イラスト、漫画
建築	建造物
図形	地図、学術的な性格を有する図面、図表、模型
映画	劇場用映画、テレビ映画、ビデオソフト
写真	被写体、構図
プログラム	ソースプログラム、オブジェクトプログラム
二次的著作物	既存の著作物に翻訳、編曲、変形、脚色、映画化、翻案することにより新たに創作したもの
編集著作物	素材の選択または配列によって創作性を有するもの。職業別電話帳(著作物ではない素材の編集物)、百科事典、新聞、雑誌(著作物の編集物)
データベース	情報の選択または体系的な構成によって創作性を有するもので、それらの情報をコンピューターを用いて検索することができるもの

a) 文書、口頭、手話、点字等の表現方法は問わない。

コラム 6.1　議事録の著作物としての判断基準

　8.4 節で説明する議事録の著作権について解説する。会議の内容を忠実に記録しただけでは、創作性を有しないため著作物とならない。すなわち、議事録には著作権が発生しない。しかし、書き手の意見等の創作的な表現が含まれると書き手による著作物になりえる。

　創作性がないため著作物として認められない事例として、五十音別電話帳[8]、時刻表、株式データ等がある。

　一方、著作物であるが著作権を有しない事例として、条約、憲法、法律、判決文等がある。これらは、国民に広く知らせたり自由に利用してもらうために、著作権を有しないものとして、法律により定められている（著作権法第 13 条参照）。

　なお、判決文に個人情報が含まれる場合には、個人情報保護の制約を受ける。例えば、裁判所の Web サイト（http://www.courts.go.jp/）で公開されている判決文では、プライバシー保護の観点から、原告個人の氏名を「原告 A」のような伏字を使って表記している。

6.3.1　著作権の発生時期

　著作物が創作された時点でその著作権が発生する。6.2.2 節で触れたように、第三者での審査を必要としない。この制度では、複数の人が、ある著作物の著作権を主張した場合、「誰が真の著作権保有者なのか」の判断に困る状況が発生する。そこで、著作物の実名や著作権の移譲等を登録する「著作権登録制度」が規定されている[46]。

6.3.2　著作権の所有者

　一般に、著作権は創作した個人に与えられる。しかし、企業の従業員が職務上作成した著作物においては、一定の条件のもとで企業に帰属する（著作権

7）著作権の詳細な説明や著作物の多数の事例については、書籍[45]を参照して欲しい。
8）表 6.1 で示した編集著作物である「職業別電話帳」は、創作性を有するため著作物となる。

法第 15 条参照)。これを「職務著作」と呼ぶ。

6.3.3 著作権の保護期間

著作権法上、著作権には保護期間が定められている。保護期間は国により異なる。日本では原則、著作者が生存している期間＋著作者の死後 50 年である[9]。よって、外国の著作物を利用する場合、および自分の著作物を外国の学会や学術論文誌で発表する場合には、その国の条件を確認しておくことを勧める。

保護期間が終了した著作物については、社会の財産として、著作権保有者の許諾を得ることなく自由に使用できる。

6.3.4 他人の著作物を利用する時の手続き

他人の著作物を利用する場合は、権利保有者の許諾を得る、または権利保有者から権利を譲渡してもらう必要がある。必要に応じて、許諾料や譲渡料のような対価を支払わなければない。

著作権法では、文化の振興の観点から、例外的に権利保有者の承諾なしに利用できることを認めている。30 程度の例外事例が認められている[45, p. 146]。ここでは、代表的な例外事例を次に示す。

- 公正な慣行に合致し、研究・報道・批評のような正当な目的の上で、正当な範囲内で行われる引用(6.4 節参照)
- 私的使用のための複製
- 営利を目的とせず、公開された著作物の上演・演奏・口述
- 教育担当者やその受講生が、授業の過程で使用する著作物の複製
- 記録媒体が内蔵されている複製機器を、保守または修理する場合における一時的複製
- 新聞や雑誌に掲載された時事問題に関する論説
- 情報公開法等における開示のための利用

注 6.5　著作物の製作を外注する時の契約での留意点

　特殊なソフトウエアや Web ページの製作のような、自社にない専門的スキルを要する製作については、外注することが多い。6.3.1 節と 6.3.2 節で述べたように、著作者人格権を含む著作権は、著作物が創作された時点で、著作物を創作した個人に自動的に発生する。つまり発注を受けて製作した著作物においても、その権利は発注者ではなく受注者に存在する。このため、外注時は、製作物の著作権の扱いに留意して、契約しなければならない。

　発注者が、外注により製作された著作物を、この権利問題を解決しつつ自由に使用するための代表的な方法として、次の二つが考えられる。

- 受注者より権利を譲り受ける旨を記載した「著作権譲渡契約」を締結する。
- 受注者より権利の利用許諾を得る「ライセンス契約」を締結する。

なお、前者の「著作権譲渡契約」を締結する場合、人格的利益を保護する著作者人格権を譲り受けることができないため、トラブルが発生しないよう「受注者は発注者に対して著作者人格権を行使しない」旨を契約書に記載することを勧める [45, p. 239]。

6.3.5　著作権の表示方法

　日本では、著作権表示は法律上義務づけられていない。表示がなくても権利は認められる。しかし、著作権の保有者を明確にし第三者による権利侵害を阻止するために、その表示を励行して欲しい。

注 6.6　万国著作権条約

　万国著作権条約の第 3 条 [47] によると、著作権保有者の名前、最初の発行の年、©の記号が明記されていることが著作権保護の条件となる。

　基本的表記法：©の記号＋スペース＋最初に発行された年＋スペース＋著作権保有者の名前

---

9) 保護期間を 50 年または 70 年とする国が多い。

表記例：著作権の保有者の種類により、以下のように表記が異なる。
- 個人（山田太郎：Taro Yamada）が保有する場合
Copyright © 2017 Taro Yamada. All Rights Reserved.
- 企業（ABC 社）が保有する場合（職務著作の場合）
Copyright © 2017 ABC, Inc. All Rights Reserved.

表記場所の例：論文のようなページ数の少ない文書の場合はフッター、書籍や取扱説明書のようなページ数の大きい文書の場合は表紙の裏・奥付、プレゼン資料のスライドの下、Web ページのフッター、ソフトウエア起動画面・ヘルプ画面、ソースコードでは冒頭部分

コラム 6.2　職務発明

　企業の従業員のような組織の所属者が職務上生み出した発明を、「職務発明」と呼ぶ。特許を受ける権利は原則、発明者に帰属する。職務発明の場合、多くの企業では、発明した従業員（発明者）からその権利を承継し、その対価を発明者に支払っていた[10]。しかし、発明者はその対価の設定について交渉力が弱く、不利な立場になりがちであった。

　このため、2016 年 4 月に施行された改正特許法では、従業員である発明者への経済上の利益について、従業員との個別の契約や使用者である企業等の社内規定（職務規則等）で定めた上で、職務発明の権利を企業に帰属させることが可能となった（特許法第 35 条参照）。なお、発明を奨励するための使用者と従業員間の協議に関する指針については、特許庁の Web サイト[48]で公開されている。

　これまで、莫大な富をもたらした発明について、発明者と企業との間でトラブルを起こすことが度々あった。特に、コラム 1.5 の新聞記事で紹介したノーベル物理学賞受賞者中村修二に関わる裁判が、特許法の改正に大きな影響を与えた。

　中村修二は、2001 年に青色発光ダイオードの発明に対する相当の対価を巡り、勤務先だった日亜化学工業を提訴した。中村修二が発明した当時、日亜化学工業を含む日本企業の多くは、数千～数万円の対価で、発明者から該当の権利を承継していたからである。

　東京地方裁判所は、日亜化学工業に対して中村修二に 200 億円を支払うよう命じた。しかし、最終的には 8 億 4000 万円で双方和解した。この経緯を受けて実

施された特許法改正は、企業における発明対価の訴訟リスクを大幅に軽減させた。

さて、学生がインターンシップ実施中に生み出した発明は職務発明にあたるだろうか。学生はインターンシップ先である企業と明確な雇用関係を持たない(つまり学生は従業員ではない)。このため、「職務発明に該当しない」との意見もある[49]。残念ながら、このような場面で生み出された発明に関する取扱を規定した公的機関による指針は見当たらない。

発明を含む知的財産の扱いについては、学生自身だけでなく、その所属大学にも組織として責任が発生する場合がある。

長期のインターンシップの場合、知的財産の扱いや守秘義務については、インターンシップの契約書に明記されているので、インターンシップの実施予定の学生は実施前に必ず確認することを勧める(契約条項を承諾しかねる場合は見送ることも視野に入れる)。多くの大学では、キャリア支援室のようなインターンシップについて相談可能な施設を用意しているので、契約書に疑義がある場合は、その施設を利用するのも一案である。

6.4 引用

6.1節で述べたように、先人の成果を利用して技術文書を作成する場合、その成果の一部を引用する手順を必要とする。引用が必要な理由は、主張点や議論点の根拠を全て直接本文に含めることが、紙数制限や煩雑性により困難であるからである。

本節では、法的に定められた引用の条件、引用の目的と方法について説明する。

---

10) 会議資料や論文のような職務上作成した著作物(いわゆる職務著作)の場合、その権利は、著作物を作成した従業者を雇用している企業に「自動的に」帰属する(6.3.2節参照)。

6.4.1 引用の条件

著作権法第 32 条(引用)と第 48 条(出所の明示)に従い、以下の条件を満たして引用する時は、著作物の権利保有者の許諾を得ることなく著作物を利用できる。

1. すでに公表されている著作物である。未発表の著作物の引用については、著作権保有者の許諾を必要とする。
2. 公正な慣行と引用の目的(研究、報道、批評等)に沿って、正当な範囲内(必要最小限)でなければならない。実際の運用については、著作物の性質、引用の目的、量等を考慮して、個々の事案に応じて判断される。
3. 引用される部分とそれ以外の部分を比較した時、それ以外の部分が「主」でなければならない。
4. 引用された部分とそれ以外の部分の区別が明らかである。例えば、引用部分を「　」でくくる。
5. 改変せず、原文のまま同一性を維持して利用する。
6. 出典(出所)を明記する。通常は、引用部分の著作者名と著作物名の両方を掲載する。

6.4.2 引用の目的

以下の目的により、引用することが多い。

独創性の根拠:研究対象について既存の研究成果を引き合いに出し、その成果の問題点を明確にすることで、自身の研究の独創性を主張する。
自説の根拠:公知の事実や主張を根拠にすることで、自説の確かさを担保する。
説明の省略:紙面数の制限等から、本文中で使う特定の用語の説明が困難である場合、それが説明されている文献を読むように促す。

例 6.2　引用の事例

例 1：文献[1]では○○方式が提案されている。しかし、□□の問題点がある。本論文では、この問題を解決することを目的とする。

例 2：スマートフォンの需要は、2020 年には○○台まで増大することが予測されている[2, 3]。

例 3：本論文の数値実験では、シミュレーションツール ns-3[4]を用いた。

【解説】　例 1 では、文献[1]で発表された成果を引き合いにして、自身の研究の独創性を主張している。例 2 では、文献[2]と[3]で記載された内容にもとづき、スマートフォンの需要予測を推測している。例 3 では、専門用語「シミュレーションツール ns3」の説明を本文内で省略し、それの詳細を知りたい読者には文献[4]を読むように促している。

なお、上記の引用方法は、次の 6.4.3 節で述べる間接引用の事例である。

6.4.3　引用の方法

引用には次の 2 つの方法がある。

直接引用：他者の文章等を一字一句変えずに記載する。引用箇所が明示的にわかるように、「　」でくくる等の表記を必要とする（例 6.3 参照）。
間接引用：他者の文章等を要約して記載する。

例 6.3　直接引用の例

1 行～2 行程度の短い文を引用する例を次に示す。

山田は、「漱石は、東京大学の講師に就任後英国に留学した」と主張している[2]。しかし、これは明らかな過誤である。
…

参考文献
[2]　山田太郎, "夏目漱石の生涯", ○○文学研究, vol. 12, pp. 11-13, 2009.

【解説】 上記の例では、以下の手順により直接引用を行っている。
- 文献[2]に記載されている文を、一語一句変えることなく記載し、その文をかぎかっこを使って明示する。
- 引用文の出典名[2]を記載する。

　技術文書では、主題の主張や方法・検討結果等が議論の対象であり、引用元の文章そのものを議論する訳ではない。そのため、主として間接引用が用いられる。一方、文系の論文は、文章やそのものが作品として議論の対象となるので、直接引用が主体となる。
　本書では技術文書を対象としているため、以下では、間接引用の方法を説明する。
　間接引用の方法は次の通りである。

- 本文中の適切な箇所に(1), (2)([1], [2])等の通し番号を付ける。
- 前記の番号に対応した出典を記載する。その方式の代表例を次に示す。
  リスト方式：出典が記載されたリストを「参考文献」[11]の節または章に記載する方式である。表記法については、6.4.4節を参照して欲しい。
  脚注方式：脚注に文献名を記載する方式である。文章量が少ない技術文書では、ほとんど用いられない。文章量が多い書籍でも、脚注方式ではなくリスト方式が用いられる傾向にある。

　間接引用は、他者の文書を要約している限り、6.4.1節で述べた引用の条件の第5項を満たすと考えられている。しかし、誤った要約文では著作権の侵害にはあたらないものの技術文書自身の信頼性を落としかねないので注意して欲しい。

例 6.4　リスト方式と脚注方式の例

　リスト方式と脚注方式の事例を、それぞれ図6.5と図6.6に示す。

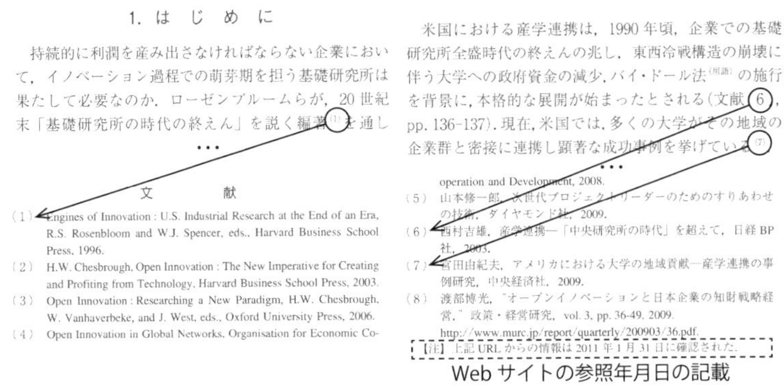

1. はじめに

持続的に利潤を産み出さなければならない企業において、イノベーション過程での萌芽期を担う基礎研究所は果たして必要なのか。ローゼンブルームらが、20世紀末「基礎研究所の時代の終えん」を説く編著を通し

...

文献

(1) Engines of Innovation : U.S. Industrial Research at the End of an Era, R.S. Rosenbloom and W.J. Spencer, eds., Harvard Business School Press, 1996.
(2) H.W. Chesbrough, Open Innovation : The New Imperative for Creating and Profiting from Technology, Harvard Business School Press, 2003.
(3) Open Innovation : Researching a New Paradigm, H.W. Chesbrough, W. Vanhaverbeke, and J. West, eds., Oxford University Press, 2006.
(4) Open Innovation in Global Networks, Organisation for Economic Co-

米国における産学連携は、1990年頃、企業での基礎研究所全盛時代の終えんの兆し、東西冷戦構造の崩壊に伴う大学への政府資金の減少、バイ・ドール法(用語)の施行を背景に、本格的な展開が始まったとされる(文献(6)、pp. 136-137)。現在、米国では、多くの大学がこの地域の企業群と密接に連携し顕著な成功事例を挙げている.

operation and Development, 2008.
(5) 山本修一郎、次世代プロジェクトリーダーのためのすりあわせの技術、ダイヤモンド社、2009.
(6) 西村吉雄、産学連携—「中央研究所の時代」を超えて、日経BP社、2003.
(7) 富田由紀夫、アメリカにおける大学の地域貢献—産学連携の事例研究、中央経済社、2009.
(8) 渡部俊光、"オープンイノベーションと日本企業の知財戦略経営、"政策・経営研究, vol. 3, pp. 36-49, 2009.
http://www.murc.jp/report/quarterly/200903/36.pdf.
[注] 上記 URL からの情報は 2011 年 3 月 31 日に確認された.

Webサイトの参照年月日の記載

図 6.5 リスト方式
【出典】拙稿[9]をもとに作成
Copyright © 2011 IEICE   許諾番号：17KA0084

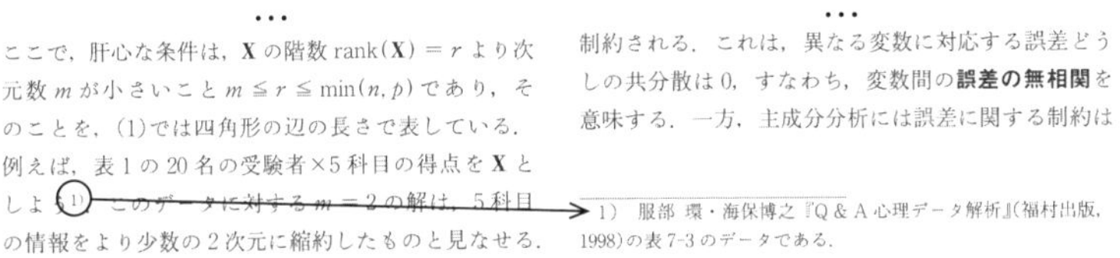

...

ここで、肝心な条件は、X の階数 rank$(X) = r$ より次元数 m が小さいこと $m \leq r \leq \min(n, p)$ であり、そのことを、(1)では四角形の辺の長さで表している。例えば、表1の20名の受験者×5科目の得点をXとし①、このデータに対する$m=2$の解は、5科目の情報をより少数の2次元に縮約したものと見なせる.

...

制約される。これは、異なる変数に対応する誤差どうしの共分散は0、すなわち、変数間の**誤差の無相関**を意味する。一方、主成分分析には誤差に関する制約は

1) 服部環・海保博之『Q＆A心理データ解析』（福村出版、1998）の表7-3のデータである.

図 6.6 脚注方式
【出典】文献[50]をもとに作成

注 6.7 転載と引用

　新聞記事や本の一部をスキャナーで取り込んで利用する場合（つまり転載する場合）、私的利用や非営利目的の教育機関での利用等の例外を除き、著作権保有者の許諾を必要とする（6.3.4節参照）。図表や写真の転載についても、例え出典を明記しても「引用」の範囲を超えるといわれている[12][51]。

---

11) 「引用文献」と表現することもある。ほとんどの技術文書では、「参考文献」または「文献」を用いる.
12) 本書で転載した図・写真等については、これらの著作権の保有者から転載許諾を得ている。その保有者の指示に従い、© 記号、権利保有者の名称、付随する情報を記載している.

注 6.8 Wikipedia の記事の引用

以下の理由により、学会発表予稿や論文等の学術的技術文書では、Wikipedia の記事の引用を避けた方がよい。

- Wikipedia の記事は、引用の集合体である。つまり、オリジナルの情報源が別にある。Wikipedia の記事を引用することは、孫引きになってしまう。よって、Wikipedia の記事の引用は、初出の文献のみを引用するという原則に反する[52, pp. 33-35]。
- ほとんどの記事が匿名であり、専門家の査読を経て公開されていないため、記事の信頼性に問題がある[13]。
- 常に、編集・更新されている。記事の参照年月日を文献リストに記載したとしても（注 6.9 参照）、その参照時の記事が後に削除されたり、または大きく改変されることもあるため、Wikipedia の記事の引用は読者に混乱を招くことが多い。

6.4.4 参考文献の表記法

参考文献の表記法は、技術分野や論文誌ごとに異なっており、統一された表記法はない。基本的ルールは次の通りである。

- 読み手がその引用文献に確実にたどりつけるために、十分な情報が記載されていること。
- 論文の場合は、指定の投稿規程に記載されている表記法に従っていること。

注 6.9 Web ページの引用

Web ページは、改版や削除の可能性があるため、参照年月日を記載することを勧める。なお、https://ja.xx.org/yy/QR%E3%82%B3%E3%83%BC%E3%83%89 のような容易にたどりつけない URL 例えば、日本語表示の URL を転載している場合の表記は避けるべきである。

例 6.5 Web ページの引用例

電子情報通信学会で規定されている Web ページの引用例を示す。

[6] 著作権管理委員会,"本会出版物(技術研究報告以外)に掲載された論文等の著作権の利用申請基準," 電子情報通信学会,
http://www.ieice.org/jpn/about/kitei/files/chosaku_hyou3.pdf, 参照 Aug. 3, 2009.
【出典】電子情報通信学会,"電子情報通信学会著作権規定",
http://www.ieice.org/jpn/shiori/cs_2.html#2.6.1,(2017 年 5 月 13 日参照)

注 6.10 コピペと剽窃

インターネット上の他者の文章等をコピーペースト(ICT を使った丸写し、いわゆるコピペ)する場合、正しく引用しない時、剽窃(盗用)とみなされる(6.5 節参照)。時に、不正を行った当事者に、社会的制裁が科せられる(例えば[53]参照)。

6.5 不正行為

次のような行為は不正である[54]。

剽窃:他の研究者のアイデア、分析・解析方法、データ、研究結果、論文または用語を、当該研究者の了解もしくは適切な表示なく流用すること。
捏造:存在しないデータ、研究結果等を作成すること。
改竄:研究資料・機器・過程を変更する操作を行い、データや研究活動によって得られた結果等を真正でないものに加工すること。
二重投稿:同じような内容の論文を、複数の国際会議の予稿または学術論文誌に投稿すること。新規性を二重に主張していることや、論文掲載時には、基本的に学会や出版社に著作権を移譲するため、著作権が複数の組織に帰属してしまうからである。

---

13) https://ja.wikipedia.org/wiki/Wikipedia:免責事項(2017 年 5 月 13 日参照)に記載されている。

上記以外に、論文に記載される著者名が適正ではない場合も不正にあたる（10.7.3節参照）。

例6.6　米ベル研究所シェーン研究員による高温超伝導実験

論文の捏造・改竄によって、研究者自身や所属組織の信用が大きく失墜する。さらに、同一分野の研究者は追試やさらなる発展のための実験を行ってもすべて失敗となり、時間の浪費や無駄な経費が発生する等の社会的影響が大きい。

大規模な論文捏造で世界で最初に大きな震撼を与えたのが、2002年に発覚した「米ベル研究所シェーン事件」である[55]。20歳代でベル研究所に採用された若手研究者ヤン・ヘンドリック・シェーン（以下、シェーン）が、高温超伝導の発見や電子素子の開発で、顕著な成果を次々にあげた。当時のベル研究所は、ノーベル賞受賞者11名を輩出した著名な研究所である。シェーンの研究成果は、わずか3年の間に、著名な論文誌「ネイチャー」と「サイエンス」にそれぞれ7本と9本の論文として掲載された。

しかし、世界中の100名以上の研究者が追試をしたが、誰も成功しな

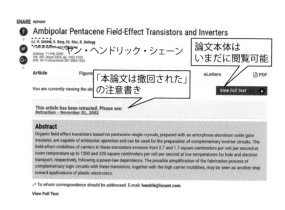

図6.7　シェーンが筆頭著者であり撤回された論文の例
【出典】不正論文[58]が掲載されているWebページをもとに作成
From Science, vol. 287, no. 5455, J. H. Schön, S. Berg, Ch. Kloc, B. Batlogg, "Ambipolar Pentacene Field-Effect Transistors and Inverters", pp. 1022-1023, copyright © 2000. Reprinted with permission from AAAS.

かった。追試のために 10 億円以上の資金が使われたと言われている。重複データの存在、多すぎる論文数、追試による再現性の不能等から不正行為が発覚し、多数の論文が撤回された（図 6.7 参照）。

図 6.7 に示すように、不正論文には注意書き「本論文は撤回された」が記載される。しかし、論文自身は Web サイトから削除されない。つまりデジタルタトゥー（コラム 1.2 参照）の典型例である。

次に示す理由が、不正行為の発覚を遅らせたといわれている。

当時の物理学研究者の共同体（コミュニティー）：捏造の疑念を告発する仕組みなし

シェーン自身：人柄の良さ

シェーンの上司（論文の共著者）：超伝導分野の大家

シェーンの所属組織：権威あるベル研究所。当時、親会社の経営難から格好の宣伝材料を模索中

デジタルネットワーク社会により、不正行為は容易に発覚するようになり、その当事者は多大な非難をうける時代となった。この正と負の効果が不正行為の抑止になると思われる。しかし、残念ながら不正行為は後を絶たない。不正行為は、21 世紀の世界的な知の大競争や若手研究者の安定したポスト不足のような社会的背景に起因しているのかもしれない。

第7章

電子メール

電子メールは、「手紙」のデジタルネットワーク社会版である。手紙であるため、ビジネス機会で用いる電子メール（以下、メール）は、次の要件を満たす必要がある。

要件1：依頼の内容、謝罪等の本来相手に伝えるべき事柄を正確、明瞭、簡潔かつ論理的に記述する。
要件2：謝罪や感謝等の気持ちを込める。

要件1は、1.5節で説明した「3C＋L」ルールであり、その技法は第3章と第4章で解説した。
一方、要件2は通常の技術文書には必要とされない。しかし、「感情の動物である」人を対象とするビジネスを円滑に進めるためには、要件2はきわめて重要である。
そこで、本章では要件2を考慮したメールの作成技法について解説する。

7.1 メールの構成

メールの基本形を図7.1に示す。以下、メールを構成する各要素を説明する。

差出人：メールを作成した本人のメールアドレスが入る（メールソフトウェアの初期設定時に登録したアドレスが自動的に設定される）。
宛先：宛先のメールアドレスを入力する。相手が複数の場合には、欄の中に列挙する。その順番は優先度、外部／内部等を考慮して決める（コラム4.2参照）。

図 7.1 メールの基本形

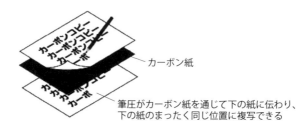

図 7.2 カーボン紙の例
【出典】Web ページ[57]上の写真を転載

Cc：Carbon Copy（写し）の略である（図 7.2 参照）。宛先欄に記載した受信者宛てのメールを、Cc の欄に記載した受信者にも、「写し」として送信する。例えば、直属の上司のように、正式な宛先ではないが情報を共有する必要があり、さらにメールアドレスをすべての受信者に知らせるべき者への送信には Cc を利用すると良い。ただし、注 7.1 で述べるように Cc の濫用は控える。

Cc の欄に記載したメールアドレスは、すべての受信者に知られてし

まう（図 7.3 参照）。この場合、すべての受信者がお互いに既知である時には問題が発生しない。しかし、既知でない時、個人情報であるメールアドレスが知られてしまう、つまり秘匿できないという問題が生じる。この対策として、次に述べる Bcc が使われる。

Bcc：Blind Carbon Copy の略である。宛先および Cc に記載した受信者にはメールアドレスが見えないように、「写し」の形式で送信する場合に、Bcc を使用する（具体的な用途については注 7.2 参照）。つまり、Bcc 欄のメールアドレスは、すべての受信者に対して隠される（図 7.3 参照）。当然のことながら、Bcc を使って送信されたメールに対して返信する場合、返信対象のメールアドレスは、差出人、宛先および Cc の欄に記載されたメールアドレスとなる。

件名：本文の主題（subject）を記載する。

本文：メールの本文である。「〇〇株式会社△△様」、「□□課御中」、「お客様各位」のような「宛名」を必ず明記する。なお、「拝啓」、「敬具」のような手紙で用いる頭語・結語は使わなくて良い。

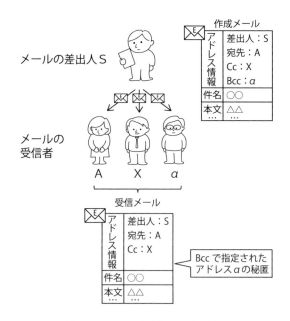

図 7.3　Cc と Bcc を使ってメールを一斉送信する時の受信メールのアドレス情報

署名：差出人の情報（名前、所属、メールアドレス、URL、電話番号等）を記載する。署名はメールソフトウェアに用意されている機能を用いて設定できるので、この機能を利用すると良い。

注 7.1　効果的な Cc の使用の勧め

Cc の濫用は、不必要なメール受信の氾濫を招き、結果的に業務の効率化の妨げになってしまうことが少なくない。このため、極端な場合、Cc の利用を禁止している企業もある[1]。

Cc を使う時は、無駄なメールの受信を避けるために、Cc の欄に入力する受信者は必要な受信者のみに限定する。

注 7.2　Bcc の用途

Bcc には主に、次の 2 つの使い方がある。

- 個人情報保護の観点から、メールアドレスを秘匿させたい時
- 送信メールを、宛先と Cc の欄に記載した受信者には、気づかれずに送る時

上記以外の目的として、多数の宛先に同じメールを送る場合に、「スパム（spam）メール」と判断されないために、Bcc を用いることがある。

Bcc を利用する場合、本文では受信者の名前を伏せる時、本文の書き出しの宛名の次に「Bcc で失礼します」と書き添えると良い。

例 7.1　Cc と Bcc の使用例

●シーン

あなた（技術者 X）が属している企業でのプロジェクト A では、一般利用者向けアプリケーションを開発している。今回、新しい機能を追加したアプリケーションを正式リリースする前に、実際に利用者に体験してもらい、フィードバックをもらうこととなった。この体験候補者として、旧バージョンのア

---

[1] 北欧では、残業をすることなく午後 5 時頃に退社するのが一般的である。例えば、フィンランド大使館では、メールの削減のために Cc の使用禁止や、早く切り上げるために立ったままの会議を実践している[58]。

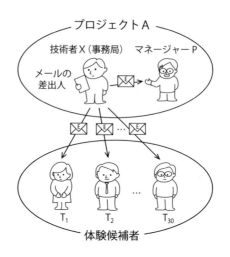

図 7.4 多数の体験候補者とプロジェクトマネージャーにメールを一斉送信する例

プリケーションの利用者である 30 名 $\{T_1, T_2, \cdots, T_{30}\}$ を選出した。

技術者 X は事務局として、体験候補者群 $\{T_1, T_2, \cdots, T_{30}\}$ とプロジェクト A のマネージャー P に、「新機能追加版アプリケーションのアンケートの協力依頼」のメールを、「一斉送信」で送ることとなった（図 7.4 参照）。

このシーンでのメールの「差出人」、「宛先」、「Cc」、「Bcc」の欄に記載するメールアドレスは次の通りである。

差出人：あなた（技術者 X）のメールアドレスを入れる。メールソフトウェアの初期設定時に登録したあなたのメールアドレスが、自動的に入力される。

宛先：送信者があなた個人としてメールを送る場合は、（ダミーとして）送信者（あなた）のメールアドレスを入れる。もし、事務局用のメールアドレスを新たに作成した場合は、そのメールアドレスを入れる。

宛先が空欄の場合、メールソフトウエアによっては警告がでる場合がある。これを無視して空欄でメールを送ると、受信側のメールサーバーで「スパムメール」と判定されることが多い。

Cc：プロジェクトマネージャー P のメールアドレスを入れる。体

験候補者がプロジェクトマネージャー P のメールアドレスを参照できるようにすることは、体験候補者からの信頼を得る上で有効である。

Bcc：体験候補者群 $\{T_1, T_2, \cdots, T_{30}\}$ の各メールアドレスを入れる。基本的に知り合いではない体験候補者のメールアドレスがお互いに知られてしまうことは、個人情報保護の観点から、企業責任上問題となる恐れがある。これを回避するため、Bcc を使って体験候補者にメールを送らなければならない。

コラム 7.1　御社と貴社

メールで良く間違う例は、「御社」と「貴社」の使い分けである。

「御社」と「貴社」は、どちらも相手の会社に対する敬称である。「御社」は話し言葉であり、「貴社」は書き言葉である。これは、「貴社（キシャ）」を会話で使用すると、同音異義語である「帰社」、「記者」等と混同するからである。

特に、畏まったビジネスメールでは、「貴社」を使う必要がある。ただし、普段から連絡を取り合っている担当者には、「御社」でも良いとされている。

ちなみに、銀行の場合は「御行」・「貴行」、学校の場合は「御校」・「貴校」である。

自社の謙譲語は「弊社」である。なお、自社を意味する「当社」は、相手と対等かこちらが上の立場の場合に用いられることが多い。

7.2 メールのエチケット

容易に転送・拡散されやすいメールは、デジタルタトゥー化されやすく、便利がゆえに余計なトラブルの原因となったり、業務の効率化を妨げることもある。このため、以下を留意し、メールを送信する前には推敲を心掛けよう。

1. メールは手紙の一種であることを認識して、感情にまかせてみだりに発信しないように心掛けること。
2. 相手の視点から見て、失礼になっていないかを考えること。
3. 受信者以外の関係者も読む可能性があることを考えること。
4. 記録に残るのでメールの内容に対する責任の重さを考えること。
5. 冷静さを失わないこと（感情に走って書いたメールは後悔することが多い）。

コラム 7.2　怒りの制御：アンガーマネージメント

　自身を否定された（と感じる）電子メールを受け取った読み手は、書き手の表情が直接わからないため、怒り（アンガー）を感じやすい。その怒りを抑えずに攻撃的なメールを返信してしまうと、人間関係にひびが入ってしまい、今後の業務や私的な面にも悪い影響を与えてしまう。この怒りの感情を減らすとともに、怒りに任せた行動を抑制する手法を「怒りの制御」（アンガーマネージメント：anger management）と呼ぶ（例えば新聞記事[59]参照）。
　怒りの制御は、次の2つの技法から構成されている。

　怒りの鎮静化：最初の6秒間は深呼吸して、感情を鎮めることである[2]。人間がイラついたときに放出されるホルモンは、6秒前後で体の隅々に吸収されると言われている。
　怒りの見える化：「穏やかな状態」を0点とし、「人生最大の憤慨」を10点とする。怒りを感じるごとに基準にあてはめて、その怒りを数値化し客観化する。「レベルが低い怒り」と判断すると、開き直ることができ冷静になれる。

　デジタルネットワーク社会は「テクノストレス」を助長させた。怒りの制御を実践して、心穏やかに過ごしていきたい今日この頃である。

注7.3　私用メールアドレスの使用

　組織の業務用のために使用されるメールアドレス以外に、私用のメールアドレスを持つことが当然のこととなった。学生は、社会人になる前から、個人アドレスを持っているのが普通である。このため、公私混同がないよう、両者のメールアドレスを厳格に使い分ける必要がある。例えば、職務上のメールを私用のメールアドレスを使って送受信すると、情報セキュリティー上の問題が発生する場合がある（コラム7.3参照）。

コラム 7.3　大統領選を巻き込んだ私用メール騒動

　2016年のアメリカ大統領選挙では、私用メールアドレスを公務で使った有力候補者が窮地に追い詰められた。その後、同じ問題が相手候補者陣営でも発生している。

　公務で使用されるメールアドレスは、専用のメールサーバーで厳格に管理されている。一方、私用メールアドレスは、どこまで情報セキュリティー対策がなされているかが不明である。

　もし、機密情報を私用メールアドレスで送信した場合、その内容は、誤操作や他者による意図的な搾取により漏洩してしまうリスクがある。リスク管理上から、私用メールアドレスを業務で使うことをお勧めしない。特に、無料（フリー）のメールアドレスでは、そのアドレスの管理者がマーケティングの目的でメールの中身をスキャンしている可能性がある。このため、フリーメールアドレスを使った機密情報の送信は厳禁である。

7.3　メールの読み手の要件と作成指針

　メールの読み手は幅広く多様である。例えば、外部関係者として一般人、顧客、業務上の関係者（取引先等）が、内部関係者として上司、同僚、部下、

2）6秒ルールと呼ばれる。同様な技法として、「6つ数える」方法も知られている。

社内他部門の職員が考えられる。さらに、メールを読むための機器は、外出中であればスマートフォンのような移動端末であることも多い。したがって、読み手がおかれているTPO（ティーピーオー）[3]を考慮して要件を定義し、メールを作成しなければならない。

例7.2　プロジェクトマネージャーへの「トラブル発生」の報告と相談

例1.1において、企業Aの技術者Xと企業Bの情報システムαの利用者Zとの間でのトラブル対応のコミュニケーションの例をあげた。これに関連して以下のシーンを考える。

●シーン

技術者Xは、利用者Zからの聞き取りにより情報システムαの不具合の状況を把握することができた。帰社したところ、技術者Xの上司であるプロジェクトマネージャーPは外出中であった。そこで、技術者Xは、メールでプロジェクトマネージャーPに、不具合の状況を報告するとともに、対応策について相談することにした。

上記のシーンでのメールの読み手（プロジェクトマネージャーP）の要件とメールの作成指針は、次の通りである。

●メールの読み手の要件
Who：プロジェクトマネージャーP
Why：情報システムαの不具合の状況確認と提案された対応策の妥当性の判断のため
What：「正確な」不具合の状況と対応策
When：外出先での業務の合間で、できる限り早い時
Where：外出先
How：限られた時間のなかで精読

●メールの作成指針
1.「Who」の分析結果から

プロジェクトマネージャーであるため、プロジェクトに対して責任をもっている。専門用語は理解できる。

2. 「Why・What」の分析結果から

マネージャー P の判断が間違わないように、技術者 X は不具合の正確な情報（事実）を伝える。

マネージャー P が混乱しないように、技術者 X は、立案策のような個人的な意見や提案については、事実と切り分けて記述する（9.2節参照）。

3. 「How」の分析結果から

マネージャー P がメールを読む時間と技術者 X がメールを書く時間は、限られているので、簡潔・明瞭に書く。詳細については、別途電話を使って意見交換した方が良いので、技術者 X の連絡がとれる時間帯等を記載しておくと良い。

7.4 わかりやすいメールの書き方

　読み手である取引先等が好印象を持つメールの書き方のアンケート結果[60]によると、「改行と空白をうまく使う」、「件名を具体的に書く」、「結論から書く」が、メール作成のコツとして上位にあがっている。これらのコツは、第3章と第4章で述べた技術文書の基本作成技法と共通である。

　本節では、わかりやすいメールの書き方を、技術文書の基本作成技法と照らし合わせながら解説する。

改行と空白の利用：文字で埋め尽くされたメールは読みづらい。そこで、以下を励行すると良い。

- 一パラグラフ一主題を使って、主題が変わる時にその都度改行する（4.1.2節参照）。
- 改行後、パラグラフの切れ目を意味する空白行を入れる（4.1.1節

---

3) Time（時間）、Place（場所）、Occasion（場合）の頭文字から構成される和製英語である。

参照)。

具体的な件名：多忙な人には、一日あたり数 10 件から 100 件を超えるメールが届く。そのような人は、表題に相当する「メールの件名」だけを見て、読むべきメールを取捨選択し、返事の優先順位を決定する。不適切な件名のメールは、捨てられるか返信するにしても後回しになってしまう。そのため、件名は用件が判るように具体的に書く。

最近の傾向として、件名「[○○銀行]△△セミナーの開催日時：□月□日午後5時」のように、差出人を件名に入れ、件名だけで差出人がわかる工夫をしている。

何回か返信が繰り返されると、当初の内容と異なってくることが多い。このような場合、適宜件名を変更すると良い。

大事な要件は最初に記載：主題文を先頭に持ってくる。つまり、「主題文はパラグラフの最初に置く」というルール(4.1.3参照)に従い、主張点は最初に記載する。

1画面に収まるよう簡潔に記述：PCやスマートフォンの1画面が1ページである。スクロールすることなく、1つの画面だけで相手に情報が伝わるよう記述する(具体的な例は、例1.1のシーンIを参照)。

もし、長文となる場合は、要約の文章を先頭に記載し、詳細な説明文を添付の形で記載すると良い。

1つのメールで1つの用件：1つのメールで複数の用件が含まれていると、読み手は混乱する。1つのメールで1つの用件を心掛ける。

簡潔・明瞭な文書：前述したように、メールは端末の画面を使って読むため、紙の文書よりも、さらに簡潔・明瞭に読みやすく文章を書くことが求められる。

7.5 感情の表現

前述の要件2「感情を込めたメールの作成」のために、表7.1に示す表現を駆使すると良い。

表 7.1　メールでの表現

感情	表現例
認識	～存じます[a]
感謝	ありがとうございます、恐縮です、恐れ入ります
依頼	ご多忙のところ、お忙しいところ、お手数ですが、いただくことは可能でしょうか、大変助かります、何卒よろしくお願い申し上げます[b]
確認	ご都合はいかがでしょうか
承諾	承知しました[c]、承りました[c]
お詫び	大変申し訳ございません、お詫び申し上げます、ご迷惑をおかけしました、失礼しました
お断り	残念ながら、難しい状況です
反論	大変失礼かと存じますが、見方を変えますと
提案	されてはどうでしょうか、お役に立てれば幸いです

[a]「知る」「思う」の謙譲語である。
[b] 一緒に進めている業務がしばらく続く場合、「何卒」を「引き続き」に置き換えると良い。
[c]「引き受ける」「承諾する」の謙譲語である。通常、「承りました」は顧客宛てのメールに、「承知しました」は目上の方宛てのメールに用いる。「了解しました」や「了承しました」は謙譲の意味をもたないため、顧客や目上の方宛てのメールには使わない方が良い。

【出典】書籍[3]を参考に作成

コラム 7.4　Win-Win 関係

　協働作業が伴う社会での活動では、他人へのお願いごとや依頼ごとが多い。表7.1で、依頼の時のメールでの表現例を述べた。

　被依頼者への気持ちが伝わった丁寧なメール文は、読み手の第一印象は良くなる。しかし、被依頼者にとって、利得がないと依頼を受けづらいのが実情である。特に、被依頼者が企業のような組織の中の一員であれば、組織の観点での利得が求められる。

　よって、依頼者は依頼する前に、被依頼者にとって利得があるかを十分吟味する必要がある。必要に応じて、その利得を相手に伝えるようにメール文を工夫すると、相手も承諾しやすくなる。

　このように、自身と相手がともに利得がある関係を「Win-Win 関係」と呼ぶ。ビジネスの世界で成功するための交渉の原則は、「Win-Win 関係の構築」であることを強調しておく。

　依頼をしてそれが成就した時は、例え自身が多忙であっても、依頼の相手が部下や目下の者であっても、メールでも良いので、必ず「感謝の意を表すこと」を忘れてはならない。依頼を受けた方は依頼者の社会常識を観察している。Win-Win 関係の構築のために、手間を惜しまず「目にみえる」感謝を忘れてはならない。

第8章

議事録と会議の効率的な運用

「三人寄れば文殊(もんじゅ)の知恵」と言われるように、凡人でも数人集まって議論すなわち会議をすれば、良い知恵が出てくることが多い。ビジネスの場面でも、さまざまな会議が行われる。その会議の内容を記録として残した文書を「議事録」と呼ぶ。

議事録作成は、若手社員の登竜門といわれるほど、若手社員によって重要な業務であり、その巧拙で若手社員の文書作成能力が判断されてしまう。

本章では、会議の種類や実施形式、会議出席者の役割、議事録の作成技法、そして効率的な会議の運用方法について説明する。

8.1 会議の種類

会議には、大きく以下の3つの種類がある。

意思決定型：与えられた問題・課題について、出席者の議論を通して、何らかの判断や意思決定をする会議
報告型：業務の進捗状況や重要な情報の報告や確認等を目的として、質疑応答や意見交換だけにとどめ、判断・意思決定を伴わない会議
情報収集・創発型：与えられた問題・課題ついて、出席者が自由に意見を出し合い、出された意見を収集し、対応案や方向性を見出す会議[1]

意思決定型と報告型会議の具体例を表8.1に示す。

表 8.1 意思決定型と報告型会議の具体例

大分類	小分類	定義	例
意思決定型	リーダー主導型の定例会議	リーダーが、事前に与えられた議題に対して出席者から多くの意見を聴取し、最終的に判断・意思決定を行う定例の会議	開発判断会議、取締役会議
	特定課題解決会議	トラブル等の緊急事態が発生した場合等、多くの知恵を使ってその問題を至急解決するための会議	事故発生対策会議
報告型	指示命令会議	経営者や役職者が指示命令をする上意下達型会議	経営者・役職者による社員を対象とした中長期計画発表会
	コーチング型会議	監督者がスタッフを教育・指導する会議	社内研修会、技術講習会
	連絡型会議	業務の進捗や会議の結果等の重要事項を対面で連絡する会議[a]	朝のブリーフィング(briefing)、毎週の定例グループ会議

a) 通常、判断や意思決定はない。

8.2 会議の実施形式

会議の実施形式として、出席者が対面で集まる物理的集合形式、テレビ会議のようなICTを活用した遠隔会議形式および両者の併用がある。

最近の会議では、プロジェクターの利用や配布資料のクラウド(cloud)環境での共有により、「ペーパーレス化」を図る傾向にある。

注8.1 報告型会議の実施形式

報告者が対象者に報告事項を周知する報告型会議では、必ずしも対象者全員が同一時間帯に出席する必要はない。このような会議では、会議による対象者の拘束時間を減少させるために、物理的集合形式ではなく、電子メールや社内SNSのようなICTを活用する形式が、最近の主流である。

---

1) この会議の運用方法として、「ブレーンストーミング」が良く使われる。

8.3 会議出席者の役割

　会議自体も、表8.1に示したように、「特定の目的」を達成するためのプロジェクトである。そのプロジェクトの構成員である出席者は、次のような役割を持つ。

　　議長(座長)：会議を開始し、議論の交通整理、審議事項での採決手続き等、閉会に至るまでの議会進行を司る役目を負う[2]。
　　　通常、以下の方法で議長を選出する。
　　　　定期的な会議：主催者が予め選出し、任期満了等による交替があるまで継続する。
　　　　非定期の会議：会議冒頭で互選等により選出する。
　　　企業等において最高意思決定者が主催する会議では、この者が出席者の中で最も地位の高い人となるため、議長となる場合が多い。
　　　なお、学会会合や懇談会等での議長を「座長」(11.6節参照)と呼び、意見交換・創発型会議の議長を「ファシリテータ」(facilitator)と呼ぶ。
　　　議長は、8.5節で述べる議事次第(アジェンダ：agenda)が主催者により用意されている場合、議事次第に従い円滑に議事を進行させる。議論が沈滞している場合は、活性化に向けメンバーの議論を引き出したり、議論が脱線した場合は、軌道修正する。
進行役(司会)：議長が会議全体を取り仕切る形式を取らない(通常は意思決定型ではない)会議の場合、および議長の選出・降壇が必要な場合に、最初と最後に中立的な立場で議事を進行するために進行役(司会)を置く。
議事録作成者(書記)：会議中に議事「メモ」をとり、会議終了後速やかに議事録として仕上げる(任命方法については注8.2参照)。議事録の作成方法については、次節を参照して欲しい。
メンバー：議論の主役として、主体的かつ建設的に議論する。「議論のためのメモ」をとることは重要であるが、「記録のためのメモ」は議事録作成者に任せ、議論そのものに集中する。

注 8.2　議事録作成者の任命

　一般に、常設または定期の組織的会議では、主催者(またはその事務局)が議事録作成者となる。一方、社内会議のような非公式の会議では、その都度、出席者の中から輪番や互選等により、決めることが多い。
　なお、公式の会議では、議事録作成者の他に、議事録署名人を指名する場合もある(注8.5参照)。

8.4　議事録の作成技法

8.4.1　作成の目的

　意思決定型会議の目的は、何かを意思決定すること、および合意事項を出席者で共有することである。このような会議では、以下の目的により議事録を作成することが多い[3]。

- 組織としての結論(判断結果等)、今後の作業等の意思決定事項の(欠席者を含む)会議参加有資格者間での共有
- 「言った／言わない」、「結論が違う」等のトラブル防止
- 会議中の有益な議論や発言の形式知化

注 8.3　議事録の法的な取り扱い

　会議で合意され議事録に記載された事項は、簡単に反故(ほご)にすることはできない。ビジネスの世界では、約束通り履行できない時は損害賠償の対象となり得る。

---

2) 議長は、採決の際に投票権を有する場合と有しない場合がある。後者の場合で賛否同数となった場合には、議長が最終決定権を有するので、この意味でも議長の役割は重要である。
3) 登録法人や認可法人等の主要な会議では、議事録の作成が義務付けられている。

8.4.2 議事録の読み手の要件と作成指針

8.1節で述べたように会議にはさまざまな種類がある。よって、会議の種類や目的、出席者の特徴等を考慮して、議事録の読み手の要件を定義し、それに従い作成指針を立案する。

例8.1　社内の読み返し会議

表2.5での作業項目3として取り上げた開発計画書原案のプロジェクトメンバーによる読み返し(レビュー)会議での議事録を考える。

●読み手の要件

Who：読み返し会議の出席者と出席できなかった関係者

Why：読み返し会議で指摘された誤りや意見と今後の作業計画を共有するため。特に、出席者は自身の発言・指摘した内容や自身に課せられた作業が正しく記録されているかを確認するため

What：8.4.3節で述べる形式の各項目[4]

When：会議終了後(出席者の記憶が薄れないためになるべく速やかに)

How：自身が発言した内容や自身に関係する今後の作業計画(アクションプラン)については細かく確認

●議事録の作成指針

1. 「Who」の分析結果から
   読み手である出席者と欠席者はプロジェクトメンバーであるため、専門用語は理解できる。

2. 「Why・What」の分析結果から
   議事録作成者は、会議中にパソコン等を使って発言内容について漏れがないように書き留める[5]。

3. 「How」の分析結果から
   読み返し会議では記録する事項が多い。そのため、計画書の致命的な誤りのような重要指摘事項とその対処や今後の作業計画のような合意事項を、読み手の見落としがないように、★等の印をつけて強調する。

8.4.3 形式

議事録での必須の記載項目を次に示す。

- 会議名
- 日時・場所

    会議が開催された年月日、時間帯と場所を記す。この情報は、議事録を公式記録として残す意味から重要である。

- 出席者／欠席者

    出席者の氏名とその属性情報(会社名、部署名・役職名等)を記載する。この属性情報は、発言した人の立場を明確にするために必要である。

    意見を述べていない時でも、本人がその会議に出席したこと自体が重要な意味を持つ場合がある。例えば、出席者が、ある議題について異議を唱えず賛成となった場合、会議では「その議題に賛成した」と見なされる。

- 議事録作成者(書記)

    議事録作成者名を記載する。

- 議事
    - 目的
    - 決定事項
        * 決定した内容を、議題項目別に、わかりやすく箇条書きにする。
        * 決定項目に、今後の実行作業が含まれている場合は、該当作業の実施者(who)、内容(what)、期限(when)を含む6W4H要素を簡潔に記載する。

            特に、実施者(who)を明確にして、記録に残すことが肝要である。これにより、当事者の責任意識が高まる。

---

4) 社内の会議であるため「メモ」形式で良い。
5) 議事録作成者の知識レベルや会議の重要度に依存するが、議事録での記載漏れを防ぐために、必要に応じてICレコーダーを用意し会議内容を録音しておくと良い。

- 主な議論
  * 会議における議論のすべての内容を書く必要はない。決定事項に影響を与えた内容だけを、決定に至った過程がわかるように書く。ただし、公的な会議では、発言内容を一語一句完全に記録することがある（注8.4参照）。
  * 主観を含めないで、公正かつ客観的に正確に書く。
  * 発言の時系列順よりも、論旨が明確になり正しく理解されることを主眼に記載する。例えば、多くの意見が出た場合、「賛成意見」、「反対意見」のように分類してまとめて書くと良い。
- 保留事項

  今回の会議において決定されなかった事項は、次回以降の会議に持ち越しとされるので、保留事項（あるいは持ち越し事項）として記載する。
- 次回開催日

  次回の会議の予定があるときは、会議の最後に、会議参加有資格者の予定を調整の上、日時と場所を書く。予定が決まらない場合、別途調整する旨を記録に残す。

例8.2　内部関係者による会議での議事録

●シーン

あなた（企業Dの技術者G）は、イベント来場者の位置情報から得られる行動履歴（訪問したブースやその滞在時間等）を使って、来場者の行動予測や購買特性を分析するシステムβを開発している。このデモシステムβ'をMメッセで展示することになった。

展示前日に会場で、広報担当者Uとともにデモシステムβ'の動作確認中、行動予測結果に不自然な点が発生していることが判明した。さまざまな試験を通して、収集した行動履歴データに異常値が多いことが明らかとなり、不具合の発生要因として、以下の2点に疑いがあると判断した。

- Mメッセ内のネットワークに不具合が発生している。
- 行動予測アルゴリズムを実装したソフトウエアモジュールϕでの異常データの除外処理が、正しく動作していない。

そこで、簡易テレビ会議システムを使って、本社で勤務中のソフトウエアモジュールϕの開発責任者Hと急きょ対策会議を行った。

この緊急会議での議事録の例を図8.1に示す。

議事録

作成者：技術主任G（第一開発部）
会議名：デモシステムβ'の動作不良対策会議（緊急）
日時：2017年10月14日(火)午後10時〜午前11時
場所：Mメッセ、本社○○会議室（簡易TV会議）
出席者：技術担当課長H（第一開発部）、広報主任U（広報課）
議事：
　目的：デモシステムβ'の不具合を解決する。
　決定事項：
　　★①ネットワークの不具合の有無を、Mメッセのネット
　　　ワーク管理者に正午までに確認する（広報主任U）。
　　★②修正したソフトウエアモジュールϕを、
　　　本日午後1時までに、クラウド上にアップロード
　　　する（技術担当課長H）。
　　★③午後2時までに動作確認試験を行う（G）。
　主な意見：
　　①異常値判定アルゴリズムを見直すと異常データ
　　　が削減されると予想する（技術担当課長H）。
　　②今日の午後5時までに正常に動作しないのであれば、
　　　1ヶ月前にTビッグサイトの展示で使ったデモシナ
　　　リオに置き換えた方が良い（広報主任U）。
　次回開催日：
　　日時：本日14日(火)午後2時半から
　　場所：Mメッセ、本社○○会議室（簡易TV会議）
　　★事前にメールを使って状況を報告すること（G）。

注釈：
- 箇条書きを活用して簡潔に記載
- 「Who、What、When」を必須要素として、6W4Hの要素を記載
- 重要事項を★を使って強調

図8.1　内部関係者による緊急会議の議事録の例

注8.4　逐語記録型の議事録

　議事の要点だけを簡潔に記載する形式は、効率性が要求されるビジネスの場面で用いられることが多い（図1.11参照）。一方、公的な委員会のような会議の議事録では、すべての発言を時系列に一語一句もらさず記録することが多い。

　この形式は、議事録作成のために多大な時間を必要とするため、ビジネスの場面ではほとんど用いられない。

例 8.3 公的委員会の議事録

筆者が講演した公的委員会の議事録を図 8.2 に示す。図 8.2 に示すように、発言内容は一語一句もらさず記録される。

図 8.2 公的委員会の議事録の例
【出典】筆者が講演した委員会の議事録 Web ページ [61] をもとに作成

注 8.5 議事録署名人による署名

注 8.2 で触れたように、公的な法人での理事会では、その正当性を担保するために、会議の場で選任された、または定款等の規程であらかじめ定められた議事録署名人が署名する。

8.4.4 議事録最終版の完成日

議事録は、その内容のみならず、最終版がいつ出席者に届くかも重要である。議事録の価値は、時間の経過とともに下がっていく。なぜなら、配布の遅れは実行の遅れにつながるからである。

そこで、以下の手順を踏んで、最終版の議事録の迅速な作成と配布を心掛けると良い。

1. 会議終了後、速やかに議事録原案を作成

   議事録作成者は、会議終了後に、速やかに議事録の原案を作成する。
   議事録作成者が、自身の知識不足等により出席者の発言内容を完全

に理解できない場合がある。このような場合は、議事録原案の該当事項に「？」マーク等を残しておく。
2. 議事録原案を出席者に照会
　　回答期限を定めて、議事録原案を出席者に照会する。この場合、確定版ではないことが判るように、表題に「案」を付すことを忘れないようにする。
3. 出席者からの回答をもとに議事録最終版を作成し配布
　　出席者からの回答をもとに議事録を修正し、最終版を会議参加有資格者にすみやかに配布する。

8.5 効率的な会議術

　会議は、多種多様なアイデアの収集、さまざまな視点から最適な意識決定等の効果をもたらす。そのため、日本の企業では頻繁に会議が開催される。

　しかしながら、読者の誰もが「時間だけを浪費して結論がでなかったり、目的がなく何が決まったか曖昧だった」会議を経験しているではないだろうか。

　そこで、多くの企業で、会議の生産性を高める取組みが行われている(例えば[62]参照)。以下、効率の良い会議術を紹介する。

　会議開始前：以下のような周到な事前準備を行うと、会議の生産性は一段と向上する。
- 会議の目的や特徴から、8.3節で述べた役割を満たす「必要最小限の」出席者を選定する。意思決定会議の場合、出席者個人の責任を明確にすると、出席者の会議への参加意欲が高まり、効率よく結論が出やすくなる。
- 議事次第を用意し、出席者に準備ができるよう、日程に余裕をもって、事前に通知する。議事次第には、会議の日時、場所、出席予定者、議題一覧が含まれる。

　　定例で行われる会議では、会議の冒頭で前回議事録の確認を行うことが通例である。そのため、議事次第の議題一覧の最初に、

議題「前回議事録の確認」を入れておくと良い。
- 配布資料を、電子ファイル等の形式で出席者に事前に送付する。出席者は事前に資料を読んで、質問事項等を整理しておく。必要に応じて、資料の作成者（議題提起者）と事前に質疑応答をして意識合わせをしておくと、当日の会議で無駄な質疑応答が削減され、効率的に議論を進めることができる。
- 効率性が求められる社内の会議では、ペーパーレス化を積極的に推進する。例えば、プロジェクターを使って配布資料を説明したり、出席者が配布資料を閲覧できるノートパソコンを持参したりする。

会議開始時：各議題の種類、ゴールイメージ、合議時間を出席者で共有する。

会議終了時：決まった事項を出席者で確認するとともに共有する。

例 8.3　議事次第

議事次第は、出席者の位置づけや会議の目的に応じて、その形式は異なってくる。プロジェクトメンバーによる会議のような内部関係者によ

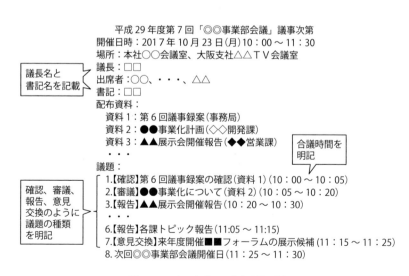

図 8.3　正式の会議での議事次第の例

る会議では、「日時」、「場所」、「目的」、「議題」を箇条書きで記した「メモ」形式で十分である。

　一方、公式の会議、外部組織との対外的な会議や、社内でも経営会議のような重要事項を決定する会議のような正式の会議では、各議題の種類(確認、審議、報告、意見交換等)や合議時間を決めた議事次第を用意するのが通例である(図8.3参照)。

第9章

報告書

　ビジネスの場面では、指示・依頼への回答、情報共有および課題解決のために、「ホウレンソウ」の励行が求められる。報告（ホウ）とは、上司や顧客等の関係者からの指示や依頼に対して、経過や調査結果を「報告」することである。連絡（レン）とは、大切な情報を関係者に「連絡」し情報共有することである。相談（ソウ）とは、問題や課題の解決に際して判断に迷った時、関係者と意見交換し課題を解決することである。

　報告や連絡のために要点をまとめた文書を、ここでは「報告書」と呼ぶことにする。

　本章では、報告書の種類、調査を効率良く行うための有効な手段である仮説検証手順、および報告書の作成技法を解説する。

9.1 報告書の種類

　ビジネスの場面ではさまざまな報告書が存在する。第8章で解説した議事録も報告書の一例である。議事録以外の代表的な報告書の例を表9.1に示す。

表 9.1 代表的な報告書の例

文書名	目的	内容
進捗状況報告書	業務の進行状況や課題を把握し、必要に応じて計画の修正を行うこと、いわゆるPDCAサイクルを実践するため[a]	一定期間内に到達した事項、その内容、現時点での問題点、今後の予定等
調査報告書	依頼者から与えられた課題・問題に対する調査結果を報告するため	調査結果と得られた結論、これらにもとづく提言等
実験報告書	業務遂行のために実施した実験結果をプロジェクトメンバーに報告し、その結果の妥当性や今後の計画について議論するため[b]	実験の目的、手順、結果、考察、今後の予定等
出張報告書	調査・会議・見学等の目的で出張した後、出張結果を出張命令者と出張しなかった関係者で情報共有するするため	出張先、出張期間、出張目的、日程と成果、所感等
研修報告書	研修内容とその所感(今後の業務への反映事項等)を、研修命令者と研修に参加しなかった関係者で情報共有するするため	研修名、研修場所、研修概要、所感等
事故報告書	事故の状況(損害・被害状況を含む)とその対応状況を組織として把握・共有し、再発防止を図るため	事故の状況、被害・損害状況、発生要因、対応状況等

[a] 業務の場合、日報、週報、月報のように、定期的に進捗状況報告書を書くことが求められる。年報と称される年次報告書は、企業や部門等の組織報告として作成されることが多い。

[b] 授業の一環として学生に実験を実施させ、その結果を報告させる場合は、学生が目的に沿って実験を正しく実施し、実験結果に対して正しく考察しているかを、担任の教員が確認するため。

9.2 事実と意見の区別

報告書の読み手を混乱させないためには、「事実」と「意見」を明確に区別して、報告書を作成する必要がある。本節では、事実と意見の定義と、これらを区別して文書作成する技法を説明する。

9.2.1 事実

「読み手や聞き手の誰もが否定できないこと」つまり「客観性を有する事象、事物、事柄」を「事実」という。

> **例 9.1 事実の事例**
> 次の2つのシーンを考える。

● シーン1

　教室RにいるU君が、「雨が降っている」と発言した。これに対して、教室Rにいる他の全員が、「雨が降っている」ことを否定できなかった。

● シーン2

　教室RにいるU君が、「このクラスには大勢の学生がいる」と発言した。これに対して、教室RにいるV君は「学生数は少ない」と、W君は「適度な数の学生がいる」と発言した。

【解説】　シーン1では、教室Rにいる全員が、例外なく「雨が降っている」ことを肯定している。よって、「雨が降っている」という事象は、「事実」として受け入れられる。

　一方、シーン2では、U君の発言「大勢の」に対して、教室内には異なる考えの学生が複数存在する。よって、U君の考えは「事実」と言えない。

注9.1　引用と事実

　既存の情報を引用する場合、まず引用する資料等の内容が信頼に足ると第三者に保証されている必要がある。これにより、引用した内容が事実と見なされる根拠になる。

　1.4節で触れたように最近、フェーク（偽：fake）ニュースを流すWebサイトや報道機関が増加している。「偽り」や「過誤」のない記事、文書、データを引用することが、自身の文書の信憑性を高めることになる。よって、引用すべき情報が「偽りではないこと」の見極めが重要である。

　偽りとなりやすいのが取材記事である。実際に掲載された記事が、取材元の主張と異なることがある。これは、記者が取材情報の一部を切り取って記者の意図した筋書きに合わせようとするからである。取材を受けた筆者自身も、このような事例をいくつか経験している。

　よって、取材記事については、その信憑性に対して懐疑的な目で読むことが賢明である。例えば，ある記事の信憑性を確認する方法として，論調が異なる他の報道機関の記事を比較することがあげられる．

9.2.2 意見

ある問題に対する自身の考えを「意見」という。さらに、この考えや見方が読み手や聞き手によって異なっているさまを「主観的」という。主観的な内容は意見である。

> **注 9.2　意見を示す文末**
>
> 意見を述べる場合には、「〜と思う」「〜と考える」「〜に違いない」のような文末の表現を用いる。次に述べるように、技術文書では事実と意見を区別することは必須である。そのため、このような表現を排除して言い切ることが基本である。

9.2.3　事実と意見の明確な項目分け

報告書では、（客観的）事実をもとに記述するのが基本である。事実と意見が同一の項目に混在していると、読み手は意見を事実と勘違いする恐れがある。そのため、報告書に意見を盛り込む場合、読み手は「これが『意見』であること」を明確に理解できる工夫を必要とする。

例えば、「考察」、「所感」のように、明らかに意見を述べている部分を別項目とし、そこに意見をまとめて記述する。

> **例 9.2　事実と意見を区別した出張報告書**
>
> ●シーン
>
> あなた（企業 D の研究者 R）は、あらゆるモノをネットワークにつなぐ IoT (Internet of Things) 技術を使って集められたビッグデータの解析アルゴリズム γ を研究している。さまざまな実験を通して、既存の解析アルゴリズムでは、満足できる性能が得られないことが判明した。
>
> これを解決するために、直属の上司は、研究者 R に C 大学に出張して、R の同期でありビッグデータ解析の分野では新進気鋭の研究者である J 准教授から解決策のヒントや助言を得るよう命じた。
>
> 研究者 R の出張報告書の原文と改善例を、それぞれ図 9.1 (a) と図 9.1

(b)に示す。

【解説】 原文図9.1(a)では、議事の内容に、事実（J准教授の発言内容）と意見（研究者Rの感想）が混在している。このため、読み手である出張命令者にとって、読みづらくかつ判断しづらい報告書となっている。

これを解決するために、出張報告書に所感の項目を設けて、研究者Rの感想を「所感」の項目に記載すると良い（図9.1(b)参照）。なお、改善例では「思った、感じた」のような語句を削除し言い切った文に修正している（注9.2参照）。

情報管理区分：社内限り

出張報告書

提出日　2017年10月11日

所　属	開発部第二課	氏　名	研究主任R	同行者	なし
出張先	C大学工学部情報科学科（神奈川県厚木市）					
面談者	J准教授					
出張日時	2017年10月10日（火）15:00～16:00					
出張目的	情報システムβに実装するビッグデータ解析アルゴリズムに関する情報収集					

議事

(1) J准教授より、以下の助言をいただいた。
　　最近開催された○○国際会議で、米国M大学が「△△アルゴリズム」を提案した。このアルゴリズムでは、□□データを用いて実験した結果、精度が20%向上するが◎◎の問題点がある。

(2) J准教授の助言より、△△アルゴリズムを実際に情報システムβに適用する価値があると思った。□□の問題点を有することも報告されていることから、簡易システムを作成して実証実験すべきであると感じた。

［1つ目の項目に「事実」と「意見」が混在］

(a)　事実と意見が区別されていない例

情報管理区分：社内限り

出張報告書

提出日　2017年10月11日

略

議事

(1) J准教授の助言
　　最近開催された○○国際会議で、米国M大学が「△△アルゴリズム」を提案した。このアルゴリズムでは、□□データを用いて実験した結果、精度が20%向上するが◎◎の問題点がある。

(2) 所感
　　△△アルゴリズムを実際に情報システムβに適用する価値がある。□□の問題点を有することも報告されていることから、簡易システムを作成して実証実験すべきである。

［「意見」を述べている部分を「所感」として記載］

(b)　事実と意見が区別されている例

図9.1　出張報告書

上述のシーンはコラム1.4で述べた「産学協働」の一例である。

9.3 仮説立案と検証

以下のケースを考える。

●ケーススタディ：医師の診断と治療

あなたは医師である。発熱や頭痛の症状を訴えている患者を診察することになった。以下のどちらの処置が効率的であるかを考察する。

データ全集型：のどや呼吸器の症状の確認、血液検査、コンピューター断層撮影法(CT: Computed Tomography)等の可能な限りの検査を行ったうえで、病気を特定し治療を行う。

仮説検証型：のどや呼吸器の症状の確認、血液検査を行って、想定される病気を幾つか列挙する。そのうち、最も確度が高い病気に対する治療法を適用する。その治療の効果を見て、必要に応じてCT等を使った精密検査を行う。

データ全集型は、できるだけ多くの情報を収集した上で分析し、結論を出す方法である。この方法では、あらゆるデータを収集するため、多大な時間と経費が必要で、かつ多くの検査が無駄になる可能性がある。最悪の場合、時間の浪費で期限までに結論を導き出せない恐れがある。

一方、仮説検証型は、仮説立案(修正)と検証を(何度か)繰り返しながら、結論を出す方法である。仮説検証型では、最初に仮説を立案して検証する。仮にその仮説が誤っていた場合には軌道修正し、新たな仮説を立てて検証を繰り返していく。この方法では、より時間と経費を節約し、精度の高い結論(この例では病名)を導き出すことが期待される(次ページ図9.2参照)。

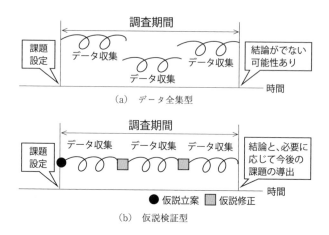

図 9.2 データ全集型と仮説検証型の情報収集手順

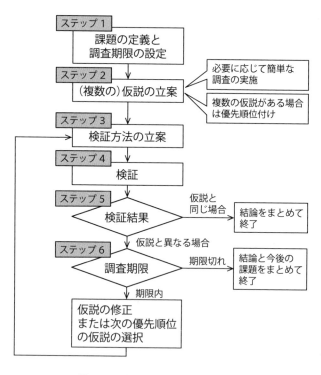

図 9.3 調査を対象とした仮説検証手順

調査を対象とした仮説検証手順を、次に説明する(図9.3参照)[1]。

ステップ1：課題を定義する。このときに、調査期間または調査期限を設定する。

ステップ2：定義された課題に対して、予想される結論すなわち仮説を立案する。複数の仮説が考えられる場合は、これらの仮説に優先順位を付ける。仮説立案の見通しがつかない場合は、簡単な調査を行う。

ステップ3：立案した仮説の妥当性を確かめるための検証方法を立案する。

ステップ4：立案した方法に従い、実際に検証する。

ステップ5：検証結果の判定を行う。検証結果がステップ2で立案した仮説に合致した(仮説が証明された)時、検証を終了し結論を導出する。

ステップ6：調査期限が来たかを判定する。

　調査期限が切れた場合：検証を終了する。未解決な課題が残ったり、新しい課題が生じた場合には、これらを「今後の課題」としてまとめる。

　調査期限がまだ来ていない場合：仮説と検証結果が異なる時、仮説を修正するか、または次の優先順位の仮説を選択して、ステップ3からの手順を繰り返す。

注9.3　研究活動における「今後の課題」

　研究活動においても、ある課題や問題に対して仮説を立てて検証するという手法をとる。しかしながら、卒業研究のように研究期間が決められている場合は、すべての課題に対して完璧な解答を導出できるとは限らない。研究期間の制限のために残された課題を「今後の課題」として論文に記載すればよい(10.7.3節参照)。

---

[1] 仮説検定手順は、実験を含むさまざまな場面に適用できる(注9.3参照)。

9.4 報告書の作成技法

本節では、9.4.1節で、報告書の読み手の要件定義を述べる。続いて、9.4.2節と9.4.3節で、それぞれ調査報告書の形式と注意事項を説明する。

9.4.1 読み手の要件定義

報告書の依頼人が通常、第一の読み手となる。さらに、その報告書を内部や外部に公開・共有する場合には、読み手の範囲は広がる。

報告書の場合一般に、読み手が特定されているので、インタビュー等を通して、読み手の要件を定義すればよい(2.3.1節参照)。例えば、直属の上司から依頼された事故報告書を作成する場合の読み手の要件は、目的が類似している例7.2を参考にして欲しい。

9.4.2 形式

報告書の種類毎に、基本的な記載項目は決まっている(例えば[3, pp. 130-147])。ここでは、ビジネスの場で作成の機会が多い「調査報告書」の形式を説明する。

調査報告書は、会社の上司や顧客等から依頼された課題・問題について、調査結果である「事実」と、所感・提案のような「意見」を記述する文書である。報告書での本文のページ数に応じて、図9.4に示すように2種類の形

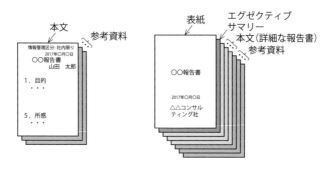

(a) 本文が1枚で構成される場合　(b) 本文が多数のページで構成される場合

図9.4 報告書の形式

式がある。

　直属の上司のような内部関係者への報告書では、業務の効率の観点から、要点を1ページにまとめた本文に、参考情報を付録として添付した形式が多い(図9.4(a)参照)。

　一方、顧客から依頼された調査報告書のように、本文が多数のページから構成される報告書は、表紙、エグゼクティブサマリー(executive summary)、本文、参考資料から構成される(図9.4(b)参照)。

注9.4　エグゼクティブサマリー

　エグゼクティブサマリーとは、調査報告の内容をまとめた概要である。単に本文から抜粋したものではなく、独立した文書のように作成されることが多い。

　多忙である幹部役職者は、このサマリーだけを読んで判断や意思決定を行う。したがって、十分に力を注ぎ細心の注意を払って、エグゼクティブサマリーを作成しなければならない。

コラム9.1　「Summary」と「Abstract」の違い

　「Summary」は概要を意味する。その同義語として、「Abstract」(アブストラクト)がある(12.4.2節、付録D参照)。

　「abstract」は主に学術分野や法的な文書で使用され、前置きとしての概要や本文の要旨を意味する。論文では、表題・著者名・所属機関名に続いて、「Abstract」を記載する(12.4.2節参照)。

　一方、「Summary」は一般的な文書に使用され、(最後の)まとめや結論を意味する。その記載位置は文書の先頭や最後である。

　エグゼクティブサマリーを添付する文書は、報告書や企画書のように、ビジネスの場面で用いられる。このような文書は学術的ではないため、「Executive Abstract」という用語は使用されない。

　これらの語源はどちらもラテン語であり、Summaryの語源がsumma = sumtotal（総計、大意）、Abstract の語源が abs（〜から）+tract（引く）である。よって、Summary は全体の要約を、Abstract は抜粋を意味することが判る。

9.4.3 調査報告書の作成上の注意事項

調査報告書の作成上の注意事項は次の通りである。

1. 調査の目的、調査方法、調査結果、所感等を明確に記述する。
2. 調査結果については、意見を排除し、事実として正確に客観的に記述する。
3. 調査結果を担保する引用先を、参考文献として明示する(6.4節参照)。
4. 意見、推論、提案は、別の項目として「所感」のような見出しのもとにまとめて記述する(9.2.3節参照)。
5. 数値データが含まれている場合や多くの要因が複雑に関係している内容を説明する場合は、視覚に訴える図表を積極的に活用する。
6. 参考資料については、本文に添付する。

例 9.3　本文が1ページの調査報告書

本文が1ページの調査報告書の例を図 9.5 に示す。

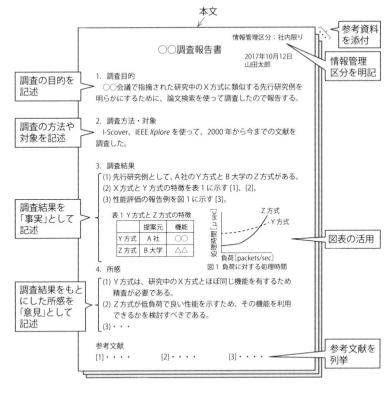

図 9.5 本文が 1 ページの調査報告書の例

注 9.5　情報管理区分の明示

　出張報告書のように社内関係者向けの技術文書には、社外に漏れては困る情報が含まれる場合が多い。特に、注 6.4 で述べた営業秘密を含む文書では、厳重な管理を必要とする。

　そこで、C.2 節で述べるように、情報の管理区分を定め、その区分を文書に明記することが肝要である（図 9.5 参照）。

注 9.6　考察・所感の書き方

　学生の実験報告書の考察やインターンシップ報告書の所感では、「実験がうまくいかなかった」、「インターンシップは大変参考になった」のような抽象的な表現が多数見受けられる。技術文書での考察や所感では、

個人的な感想、感情的な印象ではなく、技術的な観点での考察や、今後の研究活動への抱負のような具体的で建設的な意見とすることが望ましい。

第10章

学会発表予稿

　学会が主催する大会・会議(conference)や研究集会(workshop)のような公開の場(以下、学会会合と呼ぶ)で、口頭発表することを「学会発表」と呼んでいる。学会発表の際、事前に配布される文書を「予稿」と呼ぶ(「学会抄録」ともいう)。

　予稿は、論文の基本形を踏襲したA4サイズで1〜2ページ程度の短い学術文書であり、学会では良く参照される基本的な文書である[1]。本章では、この予稿の作成技法を解説する。

注10.1　分野の違いに伴う基本形の違い

　本章で解説する予稿や第12章で解説する査読付論文(以下、論文)の基本形は、対象とする科学・技術分野に依存する。例えば、理系文書では通常、間接引用を用いる。一方、文系文書では直接引用を用いる(6.4.3節参照)。

　同じ理系でも、理学と工学とで、予稿の位置づけや論文の記述方法も異なる。例えば、数学の分野での研究集会では、予稿は配布されず、発表表題、講演者名とその所属機関名のリストのみが配られる程度である。工学系の論文の長さは通常、8ページ程度である。一方、数学の論文の平均的な長さは10〜20ページ程度であり、50ページを越える例も少なくない[63]。

　さらに、予稿・論文を記述する言語の違いにより、時制等の扱いも異なる。よって、外国の学会が主催する会合や国際的学術論文誌に投稿す

---

1) 学会会合の全発表を冊子にして発行する書籍を「予稿集」(プロシーディング：Proceedings)と呼ぶ。

る場合には注意が必要である。

本書では、筆者が長年従事した技術分野である工学系、特に「電子情報通信系」の予稿・論文の基本形を解説する。

10.1 研究開発での予稿・論文の位置づけ

1.6.1節で解説した研究開発には、「この活動を通して何を達成したいのか」という目的が必ず存在する。その目的を達成するために（複数の）課題がある。課題はさらに複数の課題（問題）に細分化される。

研究開発の成果は、これらの課題・問題の解決である。新規性や所属機関の外部発表戦略等の要件を満たす場合、研究開発の成果を予稿として学会発表し、さらに論文としてまとめ掲載・公開することになる。学会発表することなく論文として成果を公開することもある。

> **例10.1　研究プロジェクトでの課題・問題と予稿・論文**
>
> ある研究プロジェクトでの課題・問題と予稿・論文の例を図10.1に示す。
>
> この研究プロジェクトでの目的を達成するためには、3つの課題A, B, Cを解決しなければならない。さらに、課題ごとに複数の問題を解決する必要がある。
>
> 図10.1の例では、問題A1〜A4の解決を予稿Xとして、問題A5〜A10の解決を予稿Yとして、それぞれ1つにまとめ学会発表している。さらに、問題A1〜A10の解決を論文Pとして、問題B1〜B5と問題C1〜C6の解決を論文Qとして、それぞれ1つにまとめ掲載・公開している。
>
> 通常、上記の論文Pの例のように、複数の予稿を1つにまとめて論文にすることが可能であり、予稿は論文の前ステップとして位置づけられるため、予稿は「ミニ論文」と称される。

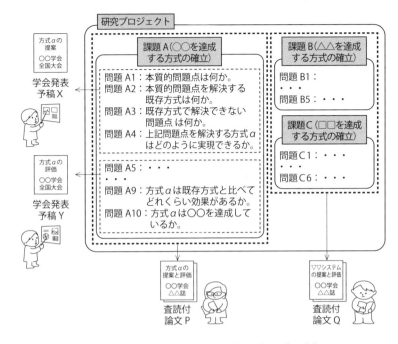

図 10.1 研究プロジェクトでの課題・問題と予稿・論文

10.2 学会発表の目的

　前節では、研究開発の段階での成果物を、予稿としてまとめて学会発表することを述べた。本節では、その目的を説明する。

　学会発表の目的を、個人としてのものと社会としてのものとに分類し、その分類にもとづく各目的を次に示す。

　個人としての目的：
- 予稿の出版や口頭発表を通して新規性を主張するため
- 聴講者との質疑応答を通して有益なコメントをもらい、今後の研究の参考にするため[2]

---

2) 第 12 章で述べる論文でも、査読者から有益なコメントを得ることができる。一方、学会発表では、口頭での発表のため、聴講者からその場で有益なコメントを得ることが可能である(11.1 節参照)。

- 期間中に開催される懇親会のような多数の参加者が集まるイベントを通して、人的ネットワークを拡げるため
- 論文執筆に向けた前段のステップとするため(第12章参照)

社会としての目的：研究成果の社会への発信を通して、関連する科学技術分野や社会への発展に寄与するため

コラム 10.1　企業・大学文化と予稿・論文作成のための動機付け

営利を追求する企業の文化は、教育・研究が主な役割である大学と比べて大きく異なる。企業文化と大学文化の違いを表 10.1 に示す。

表 10.1　企業文化と大学文化

	企業	大学
存在意義、目的	社会のニーズに応える価値の提供	社会の基盤となる「知の創造」と「人材の育成」
利潤の獲得	基本は飽くなき追及[a]	安定した運営を維持できる原資の維持・獲得
意思決定のスピード	速い	遅い
研究開発の取組マインド	Low Risk, Moderate Return	High Risk, (High Return)
研究開発での成果の外部発表	企業戦略に沿って発表を判断(企業秘密として非公開とする場合もある)(注6.4参照)	個人・組織の成果として公開が必須
統率(ガバナンス)	所属長の意思にもとづき厳格(トップダウンの集中型)	教員の意思を尊重し緩やか(自律分散型)[b]
研究課題の立案指針	帰属組織により定められた中長期計画に沿う	研究者の自由な発想にもとづく
三つのPの優先度[c]	Patent[d] ≥ Product > Paper	Paper ≫ Patent ≫ Product

a) 企業には永続的発展が求められる。これは、企業が将来にわたって事業を継続することを前提としている。このさまはゴーイングコンサーン(going concern)と呼ばれる。ゴーイングコンサーンを実現するためには、企業は一定の利潤を継続的に獲得する必要がある。「物言う株主」の増加により株主への説明責任が重くなり、この傾向はさらに強くなっている。

b) この意味で、大学での組織管理を、経営(management)ではなく統治(administration(米)、governance(英))と呼ぶ。ただし、近年の大学改革の進展により、大学にも経営マインドを求めるようになった。そのため、このマインドは管理体制にも反映されるようになっている。

c) Patent：特許、Product：製品、Paper：論文

d) 知的財産戦略上、秘匿化することもある。

【出典】招待講演資料[64]をもとに作成

表 10.1 に示したように、企業での活動では、予稿や論文の作成のための優先順位やそれらの評価は、難関の国際会議での予稿や著名な論文誌を除いて、特許や製品と比べて低くなる。その一方で、第 12 章で述べるように、査読を要する論文では、企業の優先順位とは関係なく、査読者を説得させる労力と高い品質が求められる。

　このため、企業の研究者や技術者には、予稿や論文の作成を前身させるために、自身の動機付けを高めるための工夫が必要となる(コラム 2.4 参照)。

　大学と企業が連携する産学協働は、各企業で積極的に取り入れている経営手法の 1 つである、オープンイノベーションの典型例である(コラム 1.4 参照)。表 10.1 で示したように、文化が異なる組織間の連携である産学協働を持続的に発展させるためには、コラム 7.4 で述べた Win-Win 関係を構築しなければならない。この構築のための仕組作りの第一歩は、当事者(研究者や教員)による相手の属する組織文化の尊重と歩み寄りである。

10.3 予稿と報告書の違い

　予稿と報告書の違いを表 10.2 に示す。この表より、予稿では、著者自身が課題を発見する必要がある。さらに、予稿に含まれる内容には、新規性(注 6.1 参照)が要求される。

表 10.2　予稿と報告書の違い

	予稿	報告書
内容	研究・開発の成果の口頭発表用文書(ミニ論文)	進捗状況・調査結果等をまとめた文書(表 9.1 参照)
課題の設定	著者自身または著者の所属組織[a]	著者以外
新規性	必須である	目的によって必ずしも必須ではない
ページ数	投稿先の投稿規定により定められている。通常は、A4 サイズで 1〜2 ページである	依頼者の要望により異なる

a) 招待講演の場合は通常、学会会合の主催者やセッションの企画責任者である。

注 10.2　学会発表予稿の要件

研究対象とする分野での課題を、予稿と論文の要件で分類した例を図 10.2 に示す[3]。

先人では解決されていない課題が研究対象となる。それらの課題の中で、自身で解決し新規性を主張できる課題が予稿の対象となる(図 10.2 参照)。

なお、予稿の場合、学術界や産業界の発展への貢献を意味する有効性(表 12.2 参照)は、論文に比べてさほど求められない。一方、図 10.2 に示すように、論文では顕著な有効性と新規性を必要とする。

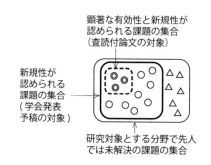

図 10.2　研究対象課題の予稿・論文の要件での分類

注 10.3　直接の有効性が少ない成果の発表の推奨

直接の有効性が少ない場合(特に失敗事例)、多くの研究者や技術者は発表をためらうことが多い。しかし、他の研究者や技術者が同じ過ちを繰り返さないためには、研究者・技術者の間で失敗事例の情報共有を積極的に行う意義は高い。よって、失敗事例もためらうことなく発表することを勧める。

注 10.4　課題の見つけ方

筆者の印象では、以前と比べて、卒業論文の課題の選定に悩む学生が多くなったと感じる。筆者なりの課題の見つけ方を以下に示す。

初級者向け：指導教員と相談して、指導教員から課題を与えてもらう。

中級者向け：指導教員や関係者から、課題に関するヒントや材料を

もらって、それをもとに課題を模索する。

上級者向け：以下の手順により、自身で課題を発掘する。
- 自身にとって興味深く研究に熱中できそうな課題を探索する（仮説の候補の探索）。
- 課題に関係する数多くの文献等を読み、課題として新規性があるかを調査する。
- 新規性を確認できた課題を設定する（仮説の設定）。

初級者であれ上級者であれ、大事な点は、自身の頭で考えることである。後々の調査で、先人が同様な課題を取り組んでいたことがわかったとしても、つまり、自身の課題の優位性に疑念があったとしても、先人の脳と自身の脳とは明らかに異なるため、先人の成果と自身の成果との間で差異が見つかることが多い。

コラム 10.2　セレンディピティー

　研究の成果には、当初予期した結果と予期せぬ結果の2種類ある。後者の成果を掘り出し物、またはこの思わぬ掘り出し物を発見する能力を「セレンディピティー」(serendipity)と呼ぶ。ノーベル賞受賞者のスピーチでは、「セレンディピティー」の言葉がよく聞かれる。

　「セレンディピティー」に遭遇するためには、能力とともに運が必要である。しかしながら、「セレンディピティー」に遭遇する確率を高めるためには、運に頼ることなく、研究の方向性を見極めることが大事である。

　特に、書籍[65, p.20]では、鋭い観察力と洞察力、固定観念を持たない自由さの大切さをうたっている。これらの能力は、日頃の知的訓練により向上できるものである。

---

3) 予稿にはさまざまな種類がある（10.5節参照）。図10.2では、総合報告を除いた発表を仮定している。

10.4 査読の有無

投稿された予稿は、学会会合を主催する事務局や実行委員会により、「投稿規定に準拠しているか」や「公序良俗に反していないか」のような簡単な確認が行われる。

会場の大きさや会議の開催期間により発表数に制限が必要な場合や口頭発表の品質を一定以上に保つ場合等には、論文の場合と同様に、「査読」と呼ばれる当該分野の研究者・専門家による審査が行われる。

査読による発表の採択率は、学会会合の権威度のようなレベルによりさまざまである。概要だけを簡単に査読する学会会合では、結果として採択率がほぼ100％となることが多い。一方、第12章で述べる論文と同じ基準で厳格に査読する学会会合では、採択率が1割にも満たない場合もある。後者の学会会合での予稿の作成技法は、論文と同じであるため第12章を参照してほしい。

10.5 予稿の種別

予稿は、発表内容により以下のように分類できる。

(1) 理論的な研究成果の報告
(2) 実験的な研究成果の報告
(3) 理論と実験の組み合わせによる研究成果の報告
(4) 新しいアイデアやアーキテクチャー (architecture) 等の提案
(5) システムやソフトウエアの開発に関する報告[4]
(6) 既存の成果を、ある視点のもとで網羅的に整理した結果の報告 (総合報告)[5]

10.6 学会発表前の権利化

予稿の内容に戦略的に特許化すべきアイデアを含む場合、必ず発表前に特許出願等の権利化を行わなければならない。一度発表してしまうと公知とな

るので、特別な場合を除き、発表内容を特許化できない[6]。

なお、考案した技術を特許化も発表もせずに秘匿化する戦略もある（注6.4と付録C参照）。

10.7 予稿の作成技法

本節では、まず最初に予稿の読み手の要件とこれに基づく作成指針を述べる。次に予稿の基本構成を説明し、最後に予稿の各要素を解説する。

10.7.1 予稿の読み手の要件と作成指針

●読み手の要件

予稿の場合には、報告書の場合と異なり、決まった作成依頼者がいない。読み手の多くは、学会会合での発表の場に集まる研究者・技術者である。このため、予稿の読み手の要件については、自分が他人の発表予稿を読む立場に立って類推するしかない。

予稿の読み手の要件は通常、慣習的に次のようになる。

Who：
- 発表会への参加者
- 発表会に参加できないため事前に、あるいは参加できなかったため後日、興味のある予稿を読む研究者・技術者

Why：自分の研究・業務分野について、情報を収集するため（さらに、発表会に参加する場合には、これで聴講すべき発表を決定するため）

What：自身の研究分野の動向や発表者の成果

How：自身の研究分野と合致しているかどうかを識別するため、表

4）「単にシステムやソフトウエアを作成した」だけでは発表の価値は少ない。しかし、新しい考え方や手法を提案しこれらの有効性を示すと学術的価値が生じ、予稿として十分に耐えうる価値を持つものとなる。
5）通常、「招待講演」として報告されることが多い。
6）この特別措置として、予稿集が頒布された日から6ヶ月以内に特許法30条（発明の新規性の喪失の例外）を適用して、発表内容を出願する例がある。なお、取材を受けた記事やWebサイトを使ったニュースリリース等により公開された内容も、公知となってしまうことに注意して欲しい。

題、図表、序論を読む。もし、合致している場合は、本文全体を丁寧に読む(図1.7参照)[7]。

● **予稿の作成指針**
以上の要件から導かれる予稿の作成指針は次の通りである。
- 「Who」の分析結果から
  読み手の研究分野は、ほぼ確実に書き手の分野と同じであるため、当該分野の技術的専門用語を使う。
- 「How」の分析結果から
  表題、図表、序論の記載は、十分に力を注いで作成する。
- 「Why・What」の分析結果から
  次で述べる基本形に沿って、作成する。

10.7.2 基本的な構成

図10.3に示すように、予稿の基本的な構成は、「表題→(副題)→著者名→所属機関名→(キーワード)→序論→本論→結論→謝辞→参考文献」である。次節で、各構成要素を説明する。なお、概要については、文字数の制限から省略されることも多い(特に1ページの予稿の場合)。

研究成果の発表の場合の論理構成を図10.4(168ページ)に示す。論理構成は、序論(はじめに)・本論・結論(おわりに)である。流れは「起承結」であり、承の部分は「展検」から構成される[66]。

10.7.3 構成要素

表題(タイトル:title)

図1.7で示したように、予稿の表題は予稿・論文を多くの関係者に読んでもらうための重要な文言である。したがって、予稿・論文の全体が完成してから、表題をもう一度見直すと良い。

表題の文字数は制限されている。このため、技術文書作成「3C+L」ルールの「簡潔に:Concise」、「明瞭に:Clear」の観点から、魅力的な表題付けを心掛ける。

表題の付け方の基本ルールは次の通りである。

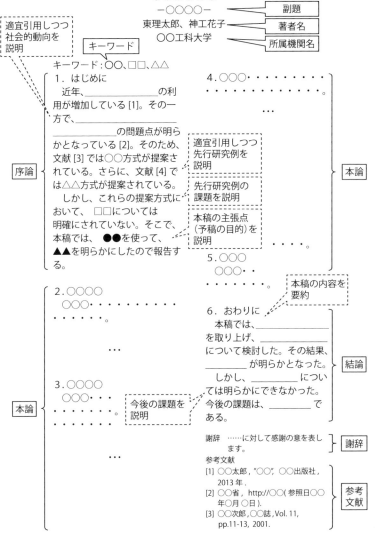

図 10.3　予稿の基本構成

7）図 1.7 では、「概要」は、読むべき論文の取捨選択において重要な要素となっているが、文字数の制限から、予稿では省略されることが多い（10.7.2 節参照）。

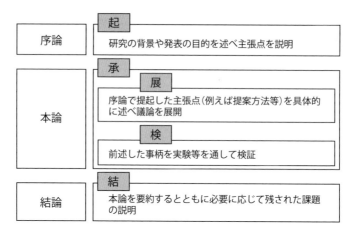

図 10.4 予稿の論理構成(研究成果の発表の場合)
【出典】文献[66]を参考に作成

1. 一見で内容がわかるようにする。
2. インパクトの強いキーワードを入れる。
3. 「検討」、「考察」、「調査」のような無駄な語句を省く。特に、意味が曖昧である「検討」は、使用しない。
4. 広く使われていて周知である略語を除いて、略語は入れない。
5. 「Clear」ルールの観点から「新しい」のような曖昧な形容詞は好ましくない。できる限り具体的な表現にする。
6. 表題が長くなり読みにくくなる場合は、分割等して「表題:副題」の形態にする。

例 10.2 副題

副題の例を図 10.5 と図 10.6 に示す。

(19) 産学連携教育 -II
講演番号：2E10

数学・数理科学専攻博士課程履修生のキャリアパス構築に向けて
－日本数学会における産学連携を通した支援活動の試み－
Towards Development of Career Paths for Mathematical-Doctoral Students
- Some Trials of Support Activities through Industry-Academic Collaborations
in the Mathematical Society of Japan -

図 10.5　表題を研究の目的とし、副題を研究の手段とした場合
【出典】予稿［67］より抜粋

Telecommun Syst (2007) 34: 167–180
DOI 10.1007/s11235-007-9032-6

**Sliding window protocol with selective-repeat ARQ:
performance modeling and analysis**

Takashi Ikegawa · Yukio Takahashi

図 10.6　表題を研究の対象とし、副題を研究の課題にした場合
【和訳】選択再送 ARQ を備えたスライディングウインドウプロトコル：性能モデル化と評価
【出典】拙稿［68］より抜粋
Reprinted by permission from Springer: Telecommunication Systems, "Sliding window protocol with selective-repeat ARQ: Performance modeling and analysis", T. Ikegawa and Y. Takahashi, Copyright © 2007.

著者名

　発表する研究・開発等の成果に直接寄与し、最終原稿の内容に対する責任に同意した個人の名前のみを記載する。当該の成果に関係したが主たる貢献をしていない個人は、謝辞の節に記載する。
　実際に貢献していない個人の名前が記載されることや、逆に貢献度が高いにもかかわらずその個人の名前が記載されないことはあってはならない。このような「論文の執筆、実験、データ分析、編集等に実際に貢献した個人を記載すること」という記載ポリシーを「オーサーシップ」(authorship) と呼ぶ[8]。
　複数の個人の名前を著者として列挙する場合、その順序は投稿する学術論文誌の研究分野や著者らの所属機関の規則等により、さまざまである。例え

8）学会、大学、研究機関では、オーサーシップの厳格な基準を設けている。学会や大学ではその指針を Web サイトを使って公開していることが多い。

ば、貢献度順、著者名のアルファベット順、ランダム等がある。

工学の分野は通常、貢献度順である。一方、数学の分野は著者名のアルファベット順である。

貢献度順にもとづく著者名の並べ方のルールは次の通りである。

- 貢献度の高い順に並べる[9]。
- 筆頭に書かれた名前の著者が発表内容に対して責任を持つ。
- プロジェクトの責任者が最後にくる。

例 10.3 貢献度順の著者名

貢献度順に従った著者名の例を図 10.7 に示す。

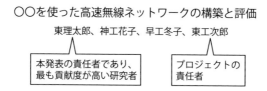

図 10.7 貢献度順の著者名

所属機関名

各著者の所属機関の名称を記載する。

企業のように組織長の意思決定にもとづく運営を行う組織（機関）では、投稿する前に所属組織と知的財産管理部門の責任者の承認を必要とする。

特に、予稿内容に重大な研究倫理上の問題（例えば捏造や改竄）がある場合、所属組織の信用失墜に発展することもある（コラム 6.7 参照）。このため、組織として認める発表には、組織として確立したチェックプロセスによる十分な確認が必要である。

キーワード（keyword）

予稿に関するキーワードを投稿規定等により指定された数だけ記載する。読み手は、キーワードを見て聴講すべき発表の決定のための手がかりとする

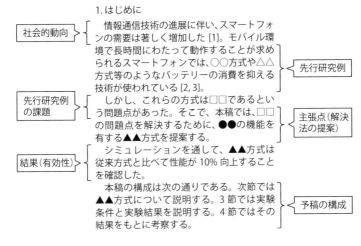

図 10.9　序論「はじめに」の例

本論

主に次の事項を説明する。

- 実際に取り組んだ事（事実）
- 結果についての考察（意見）

見出し等は自由形式である。実験系の予稿については、IMRaD（10.8 節参照）を踏襲すると良い。

結論

結論の見出しとして、「結論」の他に「おわりに」や「あとがき」が使われる。（序論、結論）、（はじめに、おわりに）、（あとがき、まえがき）の対応関係がある。

結論では、本研究で新たに明らかにしたことを中心に、本論で述べた内容を要約する。残された課題があれば、それを「今後の課題」として記載する。

なお、結論には原則、本論で記載した事柄以外を記載しない。

謝辞

　予稿作成や予稿に関係する研究に援助してくれた方に謝辞を述べ、感謝の意を表す。謝辞の対象になる個人・団体は、技術的な指導や助言を与えてくれた方、研究開発等の協力者、実験等で機器・機材や施設を提供してくれた団体である。特に、経済的に援助してくれた団体がある場合は、その団体の名前をあげて謝辞を述べる。

> **注 10.6　個人名の掲載**
> 　謝辞に個人名を掲載する場合は、本人の了解を得る必要がある。謝辞に名前があげられた人は、その論文またはその一部に対して、多少とも責任を負うと考えられている。さらに、「何について感謝するのか」を明記する。

> **注 10.7　謝辞の文体**
> 　謝辞における文体は通常、常体「である体」ではなく、丁寧感が伝わる敬体「です／ます体」である。

参考文献

　6.4 節で述べた手順により、参考文献のリストを作成する。

10.8 IMRaD 形式

　1.7.1 節や 10.7.3 節で述べたように、英文の実験系論文では頭字語「IMRaD」と呼ぶ形式が用いられる。以下、頭字語での各要素ではじまる見出しの節において、記述すべき内容を簡単に説明する。

　　Introduction（序論）：10.7.3 節で述べたように、研究の背景、本稿の主張点を中心に記述する。
　　Methods（実験方法）：順序立てて実験方法を記述する[10]。
　　Results（結果）：実験結果をまとめて記述する。
　　Discussion（考察）：結果の分析や解釈を記述する[11]。

「Methods」(実験方法)と「Results」(結果)では「事実」を記述し、「Discussion」(考察)では「意見」を記述する。これにより、事実と意見を明確に切り分けることができる。

通常、「Discussion」(考察)の次に「Conclusion」(結論)と「References」(参考文献)が続く。論文ではさらに、「Abstract」(概要)が「Introduction」(序論)の前に追加される。

10.9 時制

時間軸上の特定の時刻を基準に、動詞の時間関係を表現する規則を「時制」と呼ぶ。技術文書では通常、文書を作成している時点を現在とする。したがって、過去に終わった実験の手順や結果の記述の動詞は過去形となる。一方、現在を記述している考察については、現在形を用いる。

時制の使い分けは、文書が対象としている科学・技術分野や記述言語に依存している。ここでは、慣習的な時制の使い分けを次に示す[12]。

現在形の使用:
- 真理の記述
- 複数の研究によって一般的事実として認められている事柄の記述
- 図表の説明
- 序論での予稿の主張点の説明
- 考察[13]
- 今後の課題の説明

---

10) 化学・医学系の論文では「Methods」を「Materials and Methods」(材料と方法)とする場合もある(例えばノーベル賞受賞論文[39]参照)。
11) 「Results」と「Discussion」を分けずに、「Results and Discussion」(結果と考察)のように1つの節としてまとめることも多い。
12) 日本語論文の場合、基本的に現在と過去を使い分ければよい(未来形についてはほとんど使われない)。一方、英語論文の場合、これに完了形の組み合わせがあるため、時制に使い分けは、より複雑となる。厳密な使い分けのルールは対象とする分野や予稿・論文により異なり、一意に定まってはいない。一般的な指針については、書籍[5, pp. 35-39]を参照して欲しい。
13) 結果の時制は過去形となるが、考察は「現在のこと」として扱うため、その時制は基本的に現在形を使用する。

過去形の使用：
- 一般化されていない過去の研究成果の記述
- 予稿での実験方法や実験結果の説明
- 結論の節での要約

例 10.5　時制の使い分け

前述した時制のルールに従った例を図 10.10 に示す。

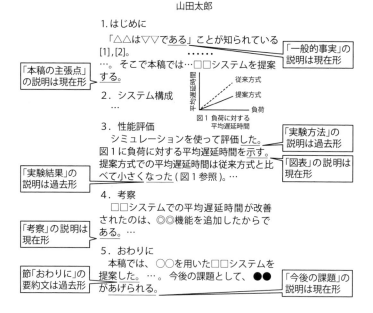

図 10.10　時制の使い分けの例

第11章
プレゼンテーションとスライド集

　前章では、学会会合での講演内容を論文の流れでまとめた技術文書である予稿の作成技法を解説した。学会会合では、話し手である講演者（発表者）は、聞き手である聴講者に対して予稿の内容をもとにプレゼンテーション（以下、プレゼン）を行う。

　プレゼンの目的は、技術文書と同様に、自身の成果や企画等の話し手の主張点を聞き手に正しく理解してもらうことである。ただし、その情報伝達手段は技術文書と大きく異なり、プレゼンの主たる情報伝達手段は「口頭」である。話し手は、口頭発表に加え、文章・図表からなるスライドや動画をスクリーンに映すことによって、聞き手に自身の主張点の理解を促進させる。

　本章では、学会会合における、口頭発表と視聴覚ツールを併用したプレゼンの技法と、口頭発表内容を視覚化する有力な文書であるスライド集の作成技法を説明する。

　学会会合での主なプレゼン形式には、以下の2通りがある。

口頭発表：講演者がステージに立ち、視聴覚ツールを駆使して聴講者に発表する形式
ポスター発表：パネルにポスターを掲示して、パネルの前に集まっている聴講者に発表する形式。ポスター発表は通常、同一会場で複数の講演者により同時進行で行われる。

　本章では、前者の口頭発表形式の技法を説明する。後者のポスター発表形式の技法については、付録Eを参照して欲しい。

11.1 技術文書とプレゼンの違い

技術文書とプレゼンの違いを表 11.1 に示す。技術文書では通常、膨大かつ詳細なデータを含む文章を使って、正確な理解を読み手に促すことを目的とする。一方、視聴覚ツールを活用するプレゼンでは、聞き手の視覚や聴覚へ直接訴えて、直観的な理解を聞き手に促すことを目的とする。そのため、プレゼンでの資料では、1) キーワードから構成される文章、2) 重要な点や主張したい点が強調されている図、3) 簡潔な表、が求められる。

表 11.1 技術文書とプレゼンの違い

	技術文書	プレゼン
目的	読み手の完全・正確な理解	聞き手の直観的な理解
伝達手段	文章・図表	口頭、スライド・配布資料を使った文章・図表、動画等を併用
伝達方法	片方向	質疑応答がある場合は双方向
フィードバック	(すぐには)なし	質疑応答がある場合はあり
制限事項	ページ数(文字数)	発表時間
図	詳細に記述	強調したい部分のみ記述
表	完全に	簡潔に

話し手と対面するプレゼンの聞き手は、話し手の人柄や情熱等を直ちに把握できるため、判断や意思決定に必要な多くの情報を得ることができる。

注 11.1　プレゼンの失敗の見極め

プレゼンの参加者には、事前にスライド集や補足資料が文書で配られていることが多い。前章で説明した予稿も、この文書の一種である。

これらの文書はあくまでも聞き手の理解を補うものである。あなたのプレゼン中に、参加者が配布文書を読むようになってしまった場合、「口頭発表内容がわからない」という表明であり、そのプレゼンは「失敗」と考えてよい。

11.2 スライド集の作成技法

本節では，11.2.1 節で、プレゼンの聞き手の要件とスライド集の作成指針を述べる。その作成指針にもとづき、11.2.2 節でスライドの構成を、11.2.3 節でスライドの集合体であるスライド集の構成を説明する。

11.2.1 聞き手の要件とスライド集の作成指針

2.3 節にならい、以下、プレゼンの聞き手の要件とスライド集の作成指針を説明する。

● プレゼンの聞き手の要件

技術分野でのプレゼンにはさまざまな種類がある。表 11.2 に示すようにプレゼンの種類によって、聞き手の特徴が異なる。そのため、プレゼンの聞き手の要件に応じて、スライド集を作成しなければならない。

例えば、最高技術責任者 CTO のような経営陣に説明するスライド集を作成する時の聞き手の要件と作成指針は、表 2.3 と例 2.1 を参照して欲しい。

表 11.2　代表的なプレゼンの主な聞き手(参加者)

区別	プレゼン名	主な聞き手(参加者)
外部	学会会合	専門分野が近い研究者、技術者
	競技会(コンテスト)	審査員、一般参加者
	商品説明会・展示会	BtoC[a]の場合：一般消費者 BtoB[b]の場合：企業の専門家
	ジョブマッチング[c]	採用担当者、受入部署責任者
内部	学位論文審査発表会	専攻・学科内の教員、学生
	研修成果報告会	研修参加者の所属部署メンバー
	経営会議	経営陣

a) Business to Consumer の略。企業と一般消費者との間の取引を意味する。
b) Business to Business の略。企業と企業との間の取引を意味する。
c) 就職・転職活動において、正式な面接の前に行うプレゼンである。このプレゼンを通して、就職・転職予定者が希望する業務を受け入れ企業で遂行できるかを双方で確認し合う。

●スライド集の作成指針

　一般的な作成指針を次に述べる。1.7.3 節や本章の冒頭で触れたように、聞き手は、話し手の「口頭」による説明を聞きながらスライド集という「補助的」な文書を見ることによって、理解を深めようとする[1]。したがって、話し手は、時間制限を考慮して、口頭発表の内容に即した簡潔・明瞭なスライド集を作成しなければならない。

　説明する内容をそのまま書き込んだスライドを使って説明しているプレゼンを見かける。これは、本末転倒であり避けねばならない。

例 11.1　学会会合でのスライド集の作成指針

　学会会合での聞き手は発表する研究分野の研究者が中心と考えられるので、次のような特徴を持つ。

- 講演者(話し手)の研究の背景、発表の目的と結論に興味を持つ。
- 講演者と同じ研究分野の専門知識を有する。

したがって、話し手は以下に留意して発表すると良い。

- 研究分野の基礎的な説明は不要である。
- 研究の背景、発表の目的を丁寧に説明する。
- その上で、研究の内容と方法について、特に主張したい点・結論を中心に発表する。

以上より、上記の発表指針にもとづいて、スライド集の作成を心掛ける。

注 11.2　学生が陥りやすい発表例

　プレゼンに不慣れな学生は、自身が頑張った点を講演しがちである。多くの聞き手は、講演者の頑張った事には興味がなく、その研究過程でどのような新しい知見を得たかに興味がある。

11.2.2　スライドの構成

　スライドの構成を図 11.1 に示す。スライドに記載する重要な要素は次の通りである。

　スライド表題：スライドの主張点を簡潔に表現する主題をラベルとして

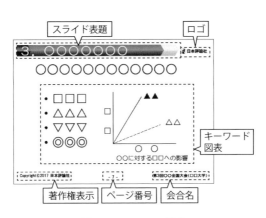

図 11.1 スライドの構成

記載する。

本文：
- 1つのスライドには1つの主題だけにする。一パラグラフ一主題を踏襲して、1つのスライドを1つのパラグラフと思えば良い。1つのスライドに複数の主題を盛り込むと、スライドの内容が複雑になり、聞き手に混乱をもたらす。
- 主題を説明するキーワードや図表を活用して可能な限り、スライドを簡潔にかつ見やすくする。これは、KISS「Keep it short and simple」ルールと呼ばれ、スライド作成の基本ルールとして知られている。

ページ番号：質問者がページ番号でスライドを特定して質問できるように、スライドのページ番号を、下中央、右下・右上の角等に明記する。

著作権表示：スライド集の著作権の保有者を明確にするために、©マークを使って保有者を記載する(6.3.5節参照)。

会合名：聴講者の参考のために会合名を記載しておくと良い。さらに、会合名は後々のスライド集の整理に役立つ。

ロゴ：所属機関の広報活動のため、ロゴを掲載すると良い。

---

1) プレゼンにおける聞き手の要件の1つである「How」の分析結果である。

例11.2　スライドの失敗事例

筆者の失敗事例(公的資金獲得のための最終審査会でのスライド)を図11.2に示す。スライド内の文字数が多すぎたため、聞き手である審査委員を混乱させてしまった。

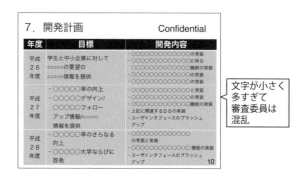

図11.2　文字数が多すぎたため聞き手が混乱した事例

注11.3　リード文

スライド集をWebサイト等を使って公開する場合や配布資料として兼用する場合は、各スライドの上部に、そのスライドの主張を要約するリード文を記載すると良い(図1.9参照)。

11.2.3　スライド集の構成

以下、スライド集を構成するスライドの枚数、スライド集の基本的な流れ、およびスライド集の作成上の留意点を説明する。

◉スライドの枚数

スライド当たり1〜2分で説明することを目安として、プレゼンが制限時間内に収まるように枚数を決めると良い。

◉基本的な流れ

スライド集の基本的な流れは「表題 → 目次 → 背景と目的 → 本論 → まとめ」である。

●作成上の留意点

上記の流れにそって、スライド集を作成する時の留意点を次に示す。

スライド間：スライド間はキーワードがつながるようにする。スライド集の筋道がわかりにくいのは、スライド間でキーワードがつながっていないからである。

目次：聞き手の理解を深めるために、目次（アウトライン）のスライドを用意すると良い。ただし、目次のスライドは、最初に発表の筋道を聴講者に理解してもらうためのものなので、その説明は簡潔にする。発表時間が少ない場合は、見せるだけでも良い。

謝辞：「表題」または「まとめ」のスライドに記載する。改めて謝辞のスライドを作成しなくても良い。

引用方法：聞き手は、引用先そのものにさほど興味を持たない。したがって、スライド内で引用する場合、スライドの下部に引用先（出典）を簡単に記す（図 11.3 参照）。ただし、発表の論旨にとって重要な文献については、口頭での説明の中で触れておく。

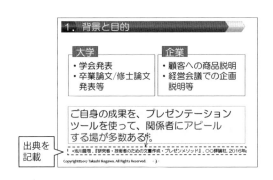

図 11.3 スライドでの引用方法

特別に用意した参考文献のスライドを、発表の最後に見せる講演者を見かける。しかし、聴講者は最後にそのスライドを見せられても直接の引用箇所が判らないので、実際の役には立たない。

例 11.3　学会発表用のスライド集の例

筆者の学会発表[69]でのスライドの例を図 11.4 に示す。

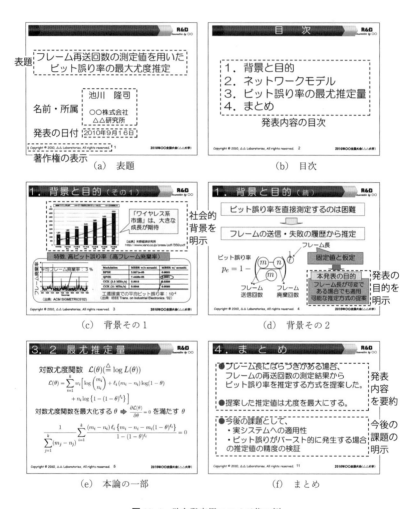

図 11.4　学会発表用スライド集の例

【解説】

1. 最初のスライドに「講演の表題、講演者の名前と所属、発表年月日」を記載する（図 11.4(a)参照）。

2. 次のスライドで「発表内容の目次」を示す（図11.4(b)参照）。
3. 次に「研究の背景と発表の目的（背景と目的）」を説明するスライドが続く。図11.4(c)に示すように、「背景と目的」の最初のスライドでは、社会的な背景つまり研究を行う社会的な意義を記載する。

    この社会的背景から本発表が対象とした研究自身の背景へと主題を絞り込むスライドを作成する。この絞り込みにより、聴講者の理解度は増す。
4. 「背景と目的」の最後のスライドで、上述した背景から導かれる発表の目的を提示する（図11.4(d)参照）。
5. 「背景と目的」の説明に続いて、本論を説明する。図11.4(e)では、提案方式を導出するために必要な概念である「ビット誤り率の最尤推定量」を説明している。
6. 最後のスライドで「まとめ」を記載する（図11.4(f)参照）。このスライドで発表内容を要約する。なお、予稿と同じく、この要約文の時制は過去形である（10.9節参照）。

    必要に応じて、今後の課題を記載する。

11.3 プレゼンの要領

基本的なプレゼンの要領を次に説明する。

1. 次のスライドに移る場合、「今まで、○○について説明しましたが、次に△△について説明します」のような、スライドをつなぐ説明を入れると良い。

    与えられた発表時間が長い場合（例えば30分以上の発表等）には、目次のスライドで示した項目（主題）が変わる時に、図11.5（次ページ）に示すように、目次のスライドを利用して、次に話す主題を強調する。これにより、プレゼンにメリハリがでる。
2. 自信をもって話す。このためには予行演習が欠かせない（11.5節参照）。
3. 誰でも緊張する。そのため早口になる傾向がある。意識してゆっく

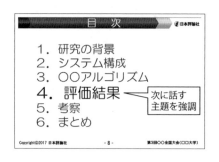

図 11.5　大きな主題が変わる時のスライドの例

り、堂々と話すように努める。
4. スクリーンばかり見ない。聴講者に向かって語りかけるようにする。例えば、聴講者のうちから特定の2〜3人を選んで、その人に説明をするように話すと自然な話し方となる。

　　アイコンタクトができる余裕があれば素晴らしい（注11.4参照）。
5. 招待された講演の場合は、冒頭に「このような講演の機会を与えていただき、誠にありがとうございます」等を添えると、前向きさや謙虚さが聴講者に伝わる。
6. 「発表練習する時間がなくて…」等の発表の最初に言い訳をする講演者がいる。言い訳はご法度である。聴講者は多忙の中、あなたの発表を聞くために、時間を割いて参加している。
7. 式の詳細な導出過程やシステム構成の詳細な説明は、聴講者にとって不必要な場合が多い。発表時間の制限のため、詳細な説明に割く時間もほとんどない。これらの説明が予稿に記載されているのであれば、予稿の参照を促すようにすると良い。例えば、「〇〇式の詳細な導出に興味のある方は、予稿に記載されていますので予稿をご参照ください」のように語る。

注11.4　アイコンタクト

　聴講者の目をみながら話すことをアイコンタクトという[70, pp. 75-78]。図11.6に示すように、できるだけ聴講者の方を見て、1人ずつに最低3秒間、目を留めながら話すと良い。アイコンタクトは、話してい

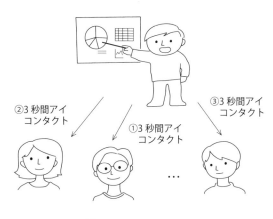

図 11.6 アイコンタクト

る内容が聴講者に伝わりやすく、聴講者はその話に引き込まれる効果をもたらす。

注 11.5 立ち位置

右利きの人はスクリーンに向かって右側に立ち、左利きの人は左側に立つ。これは、レーザーポインターや指し棒を使ってスクリーンを指す時、「胸が開く」体制になるからである。逆に立つと聴講者に背をむけることになり、一般にはコミュニケーション拒否の態度になってしまう。プレゼンで「胸が開く」と、聴講者を受け入れているという暗黙のサインとなるため、聴講者に良い印象を与える[70, pp. 104-106]。

注 11.6 レーザーポインターの使い方

最近のプレゼンでは、レーザーポインターを使用する傾向にある。レーザーポインターは、振り回さずに注目させたい箇所だけを指して、数秒間停めるようにする[70, p. 106]。レーザーポインターを振り回すと、聴講者の集中力が削がれる。

注 11.7　PowerPoint でのアニメーション機能の利用の勧め

　講演に慣れていない場合や緊張しやすい性格の講演者は、アニメーション機能を使って、口頭発表の流れに沿って該当するスライドのオブジェクトを表示させると良い。講演中に口頭発表内容を一時的に忘れても、スライド上に順次表示されるオブジェクトに沿って言葉を添えると、聴講者には違和感の少ない発表となる。ただし、派手な動きのアニメーションは、聴講者を困惑させるので使わない方が良い。

11.4 質疑応答の要領

　プレゼンでは、聞き手がプレゼンの理解を深めるために、講演の最中に随時または終了後に引き継ぎ、質疑応答が行われる。質疑応答の要領を次に示す。

発表前：想定される質問と回答についての問答集を用意しておく。これを準備する過程で、スライド集や口述原稿が改善されるという効果をもたらす。

質疑応答中：

1. 「ご質問ありがとうございます」のような、質問や意見を述べた方に最初に「感謝」を述べる。特に、これは、攻撃的な質問や意見を受けた場合にその発言者の態度を軟化させるため、有効である。さらに、聴講者全員に対して良い印象をもたらす。
2. 質問の趣旨を理解できなかった場合、質問者にそれを確認する（例：もう一度、質問をお願いできませんでしょうか）。
3. 質問に対して回答する場合は、「○○についての質問だと思いますが」のように、最初に質問の内容を要約する。
4. 質問者の発言が、「質問かコメント（意見）かのどちらなのか」の判断が困難な場合には、質問者にその種別を確認する。質問の場合は、質問内容を再度確認する。コメントの場合は、自分の意見を述べ、そのうえで「今後の参考にさせていただきます。有益なコメントをありがとうございました」のように締めくくる。

5. 質問の回答に窮した場合は、「それについては、今後の課題とさせていただきます。ご質問ありがとうございました」として、率直に答えると良い。取り繕って無理に答えるようにすると、負の連鎖に陥りやすい。最も好ましくないのは、黙り込むことである。
6. 質問内容が機密情報に関する場合、「それについては機密情報にあたるためご回答できません」と回答すれば良い。
7. 否定的なコメント（例：あなたの研究は役に立たない）を受けても、冷静に対応する（コラム7.2参照）。

質疑応答終了後：

1. 質疑応答の模様はメモとして残し、今後の研究やプレゼン改善の参考とする。つまり、形式知化する。後から冷静になって分析すると、自分にはなかったアイデアを発見することができる。
2. 質問やコメントをいただいた方には、発表後、努めて名刺交換、情報交換等を行い、人的ネットワークを拡げる。質問やコメントがあることは、発表に興味を持っていただいた証である。

11.5 予行演習

予行演習（リハーサル）を何度もしておく。緊張しやすい性格であれば、口述原稿を用意しておくと良い。ただし、口述原稿の棒読みは、聴講者への熱意が伝わらず、ひいては内容の信頼度にも影響することが多いので避ける。

例 11.4　予行演習回数

重要な会議では、少なくとも3回以上練習をすると良い。3回以上練習すると、発表内容は自然と頭の中に入り、円滑にプレゼンができることが多い。

少なくとも最初の3～4枚のスライドの説明内容を暗記すると良い。プレゼンの前半部では、この暗記により「アイコンタクト」を容易に行うことができ、聴講者に良い印象を与えることができる。

予行演習中に言葉がつまる時は、スライドのつながりが悪い事に起因していることが多い。その場合、スライドのキーワードを見直すと良い。

11.6 座長の役割

　学会発表では、統一されたテーマについて複数の講演から構成されるセッションごとに、座長が割り当てられる(8.3節参照)。座長の責務は、発表と質疑応答の管理を中心とするセッションの円滑な進行である[2]。

　以下、セッションの座長の役割を示す。なお、学会から座長の役割や注意事項についてパンフレット等で情報提供があるので、これに従う。

セッション開始前：

事前：各講演の予稿の精読を通して、質問が出ない場合に備えて「呼び水」の質問を用意する。

当日：

- アシスタントの役割(例えば、タイムキーパーやマイク担当の役割等)を確認する。
- 視聴覚設備が正常に動作するかを確認する。

セッション実施中：各講演において以下を行う。

1. セッションの冒頭に、このセッションの趣旨を述べ、発表に関する注意事項(タイムキーピング等)を説明する。
2. 講演ごとに、講演者の名前、所属、表題等を紹介する。
3. 各講演の発表が規定時間内に収まるように注意を払い、必要に応じて聴講者を誘導する。規定の時間を大幅にすぎている場合は、強制的に「まとめに入るよう」に講演者に指示する。
4. 発表終了後、質問やコメントを聴講者に求める。
5. 講演者と質問者とのやりとりがかみ合っていない場合は、質問や回答の趣旨を確認する等により、やりとりの手助けを行う。
6. 会場から質問が出ない場合や質疑応答時間が余っている場合は、事前に用意した質問やコメントを行う。

セッション終了後：

1. セッションの全部の講演を終了した後で残り時間に余裕があれば、セッション全体を通した質疑応答を行ってもよい。
2. 講演者や質疑応答をされた方々への感謝の意味を込めて、聴講者に

拍手を促す。
3. 次のセッションの開始時刻をアナウンスする。
4. 学会によっては、座長アンケート報告の義務があるので、これに記入して提出する。

11.7 質問の要領

聞き手として質問する時は、次の点を留意する。

1. 質問したいときは挙手をする。
2. まず、最初に何者かを短く名乗る（例：○○大学の山田太郎です）。その上で、講演者に労(ねぎら)いの言葉をかけると印象が良くなる。
3. 手短に質問する。
4. 研究発表の中身（結果、技術、手法等）については、真摯に建設的な議論をする。しかし、聴講者の面前で、講演者の人格を否定するような質問やコメントをしてはならない。建設的、生産的な場となるように、常に心掛けることが大切である。

コラム 11.1　プレゼン手法の今昔物語

　筆者が新入社員の頃（1990年代の当初）、生まれて初めて国際会議で発表した。この頃は一部の企業や大学の研究者のみが、電子メールを利用できる時代であった。友人等に自身のメールアドレスを記載した名刺を渡すと、多くが興味深々でそのメールアドレスを眺めていたことを今でも鮮明に思い出す。
　その頃は、簡単な機能を持つプレゼン資料の作成ソフトウエアはあった。残念ながら、本格的なプレゼン用ソフトウエアは存在せず、プレゼン資料をスクリー

---

2) 最近の発表会では、通常のセッションの以外に、公募等により特別セッションを設けることがある。特別セッションの座長は、事前にそのセッションでの講演者の候補選定と候補者との調整を行うことがある。

ンに投射するために、次の2つの手段を使っていた[3]。

- 35 mm 正方形の枠付き写真フィルムを、スライド映写機(slide projector)で投影する方法
- A4 サイズの透明の OHP(over head projector)フィルムを、自分の手で取り換えながら OHP で投影する方法

一度原稿を写真フィルムや OHP フィルムに焼き付けると、これらは修正できない。つまり、原稿の誤りに気付くと最初から焼き直しである。したがって、修正がないように慎重に原稿を作成したものである。

余談ではあるが、当時の国際線のフライト(flight)では、チェックイン時に航空会社に預けた手荷物が行方不明になることがよくあった(最終的には、ほぼその手荷物は発見されて、ホテル等に届けられることになる)。これに備えたリスク管理として、講演で使う写真フィルムと OHP フィルムの両方を2組作成し、一方は機内に持ち込めるバッグの中へ入れ、他方はチェックイン時に預ける手荷物の中へ入れていたものである。

さて、ICT の進展によって、写真フィルムや OHP フィルムを作成することなく、ノート PC 上で作成したスライド集をプロジェクターから直接スクリーンに映し出したり、ノート PC から直接大型ディスプレイに表示させることが可能となった。これにより、スライド集作成の準備時間は短くて済むようになり、学会会合や会議のその場でもスライド集に追加・修正ができるようになった。

なお、PowerPoint で作成する資料をスライド集と呼ぶ。この語源はスライド映写機で作成していた写真フィルム(スライドと呼んでいた)であろう。

---

3) 歴史的には、スライド映写が最初で、次第に OHP にとって代わっていったが、一時期併用することもあった。

第12章

査読付論文

　例 10.1 で予稿を「ミニ論文」と称したように、査読付論文(以下、論文)の内容の流れは、ページ数の違いはあるものの予稿とほぼ同じである。しかし、論文は、査読者と呼ばれる(複数の)第三者の専門家が「投稿先の論文誌に求められる品質を満たす」と判断された場合のみ、出版採録・掲載可能である。そのため、論文には予稿と比べて高い品質が求められる。

　本章では、論文の作成技法を、査読がない予稿の作成と対比しつつ説明する。

12.1 論文と予稿の違い

　論文は、目的やページ数の違いから、まとまった長さの原著論文(original article)と 1〜2 ページの短編のレター(letter)とに大別される。

　後者のレターは主として、価値ある結果を、機会を逸することなく急いで読者に伝えたい時、原著論文に先立って投稿するものである。学会によって、レターにはいくつかの種類がある。例えば電子情報通信学会では、レターを「研究速報、紙上討論、問題提起、訂正」の種類に分け、論議の焦点を絞る工夫をしている[72]。

　論文(原著論文・レター)と予稿の違いを表 12.1 (次ページ)に示す。

表 12.1 論文と予稿の違い

	論文		予稿
	原著論文	レター	
査読の有無	全て査読あり		原則、概要やフォーマット等の簡単な確認のみ
ページ数	通常 8 ページ程度(ページ数の制限のない論文誌もある)	1〜2 ページ。ページ数や時に図表の数までも厳格な規定あり	1〜2 ページ
原稿提出期限	なし		あり(学会会合のスケジュールに依存)
投稿から掲載・公開までの時間	通常 1 年以上	速報性を重視することから半年程度	3ヶ月程度(学会会合のスケジュールに依存)
外部の評価	対象の論文誌にも依存するが一般に高い		論文に比べて低い

12.2 論文を作成する利点

論文を作成する利点・価値は著者の所属機関の方針によって異なるが、一般には次の通りである。

- 掲載・公開された場合、自身の成果を世に訴求できる。
- 著者の同一分野での専門家による査読結果を通して、自身の成果のレベルを把握できる。
- 査読者の有益なコメントから、自身の研究の進展が期待できる。
- 学位「博士号」取得につながる等の自身のキャリアアップの布石となる(コラム 12.1 参照)。例えば、多くの大学院では、博士の称号(博士号)の授与条件として、一定数以上の論文の掲載または採録決定が求められている。博士号の授与によって、「独り立ちした研究者としてスタート台に立った」と研究者のコミュニティーから認められる。
- 外部資金獲得に有利に働く。この獲得のための応募書類には、複数ページからなる研究開発業績の項目がある。審査委員は、この項目に記載された掲載論文の数や掲載された論文誌の格をもとに、応募者の研究開発の遂行能力を判断する。

コラム 12.1　学位「博士号」の取得方法と博士人材への期待

博士号を取得することによって、キャリアアップにつながることを述べた。筆者自身、博士号の取得により、企業に勤めながらさまざまな大学で客員教授や非常勤講師として教育・研究できる機会を得た。

日本では取得方法の違いにより、次の2種類の博士が存在する。

課程博士：大学院博士課程に入学・進学し、所定の単位を取得するとともに、在学中の研究成果をまとめた論文を修業年限（通常3年）内に提出し、学位論文審査に合格した者

博士課程学生には次の2種類がある。

- 5年一貫制の博士課程の学生や、修士課程（または前期2年・後期3年の区分制の博士課程の場合、前期博士課程）修了後、直接後期博士課程に進学する学生
- 修士課程（前期博士課程）修了後、社会人を経てまたは社会人として（後期）博士課程に入学する学生（いわゆる社会人博士課程学生）

筆者は、後者の社会人博士課程学生であった。平日の夕方や土曜日に大学に出向き、指導教員より研究のみならず人生論まで幅広くご指導を賜った。博士号を取得するまで約6年の時を要したが、研究能力のみならず人間力も大きく向上したと感じている（汗と涙の結晶である筆者の博士論文についてはWebサイト[73]で公開されている）。

論文博士：企業や公的研究機関の研究所等での活動を通して蓄積された研究成果を博士論文としてまとめて大学に提出し、学位論文審査と所定の試験に合格した者

名を遂げた研究者の業績に対しての称号授与であるが、論文の掲載数や特許取得数のような研究業績には、課程博士より厳しい要件が課せられている。

論文博士の制度は日本独自である。文部科学省では学位の国際的な通用性から、この制度の廃止が議論されており、大学によっては社会人博士課程制度の利用を勧める傾向にある。

なお、本書の査読者は論文博士である。

天然資源の乏しい日本にとって、人が最も貴重な資源である。世界のトップレベルの人材と伍して戦うためには、（複数の）深い専門学力・研究力のみならずト

ランスファラブルスキル(transferable skill)[1]を有するT形・Π形博士人材(例えば拙稿[75, 図4]参照)の育成が急務である。

文部科学省の提言書[76]では、産官学協働による高度博士人材の育成の推進をうたっており、博士人材の教育体制の改革がさまざまな大学で行われている。筆者自身もキャリアアドバイザーとして、この活動を積極的に企画・実践している。

12.3 論文投稿から掲載・公開までの過程

論文投稿から論文誌での掲載・公開までの過程を図12.1に示す。

(複数の)査読者による結果をもとに編集委員(論文誌によっては編集委員会)により、採録／条件付採録／不採録が決定される。条件付採録の場合の査読は通常、最大2回までである。なお、迅速な公開が求められるレターの場合の判定結果は、条件付採録はなく、採録か不採録のいずれかである。

1回の査読期間は論文誌に依存するが半年程度である。査読者からのコメントの反映や最大2回の査読を考慮すると、最初の投稿から掲載・公開まで、約1～2年の年月を要することを念頭に置く必要がある。

このように論文作成は長期にわたる地道な作業である。長期にわたって著者の高い意欲・士気を維持するためには工夫がいる。論文作成を高める動機づけについては、コラム2.4を参照して欲しい。

論文の投稿から掲載・公開までの記録は、「論文情報」(article information)内の「論文履歴」(article history)として論文内に記載される(コラム12.1参照)。もし、同一ないし類似の内容の成果が他の論文等で公開されていた場合、論文履歴に記載されている「初版原稿の受領日」が優先性を判断する上で重要な情報となる。

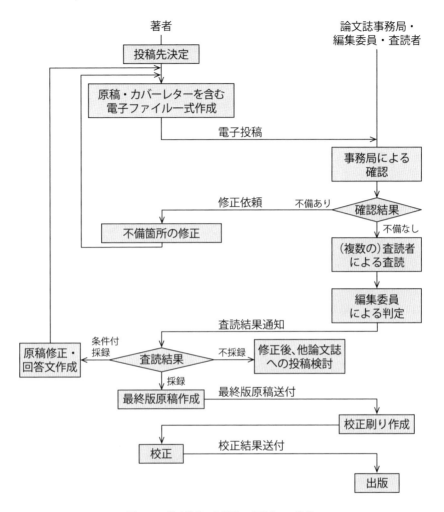

図 12.1 論文投稿から掲載・公開までの過程

---

1) 情報収集力、対人コミュニケーション力、組織対応力のようなさまざまな業界や職種に転用可能なスキルを意味する。世界で最初に、トランスファラブルスキルの醸成に取り組んだのがイギリスである。イギリスでは現在、vitae と呼ぶ非営利団体が研究者用能力開発フレームワーク（Researcher Development Framework）[74]を作成して、それにもとづく教育が積極的に実践されている。

注 12.1　論文化計画

　論文誌に投稿してから採録決定・公開されるまでの時間は、学会や論文誌の種別によってさまざまであり、数ヶ月から 2〜3 年までの開きがある。

　採録決定まで長い期間を要するという理由で、同じような内容の論文を複数の論文誌(査読付予稿も含む)に同時に投稿することは、二重投稿となり不正に該当する(6.5 節参照)。学会では、二重投稿を発見した場合の罰則を決めている(例えば Web サイト [72] 参照)。このような二重投稿は厳に慎むべき行為であることを肝に銘じて欲しい。

　博士課程学生のように修業年限が定められている時や、研究開発戦略上著名な論文誌での発表期限を設定している場合のように論文の発表期限が定められている時、このような制約のもとで適切な論文誌を選択する必要がある。

　次に、論文誌選択の指針の一例を示す。

　原著論文／レターの選択：成果を論文として急いで発表したい場合は、迅速な掲載が期待できるレターを選択する。ただし、レターの業績評価は原著論文と比べて低くなるというリスクがある。

　採録率の考慮：一流論文誌ほど採録率は低くなる。したがって、一流論文誌にこだわりすぎると、何度も不採録となり時間を浪費してしまう恐れがある。

　そこで、最初の投稿は一流論文誌を目指しても、状況に応じて採録率の低い論文誌も視野に入れる柔軟性が大切である。つまり、PDCA サイクルを実践することを念頭に置く。

　なお、不適切な査読のもと迅速な掲載をうたい高額な論文掲載料を要求するオープンアクセスの悪徳論文誌を最近、見受けるようになった。少なくとも信頼のおける論文誌を投稿先として選択すべきである。英文の論文誌の場合、論文誌の格付けの目安を与えるインパクトファクターが付与されている論文誌への投稿を推奨する[2]。

注 12.2　投稿用電子ファイル一式

　第 10 章で解説した予稿を電子投稿する場合、著者名、所属機関名、希望セッション名のような基本情報を Web 上の投稿管理システム（以下、投稿システム）での該当の Web ページに直接投入後、予稿原稿の pdf 版のみを投稿システムに投入（アップロード）することが多い。

　一方、論文を電子投稿する場合、予稿と比べて多数の書類を投稿システムに投入する必要がある。例えば、基本情報の他にカバーレター（12.5 節参照）、原稿のソースファイルと pdf 版ファイル、図表のソースファイル、図表等を転載する場合の使用許諾書、投稿論文のもととなった国際会議論文等のような、投稿規定に定められた電子ファイル一式を投稿システムに投入しなければならない。

　カバーレターについては、物理的な電子ファイルの投稿システムへの投入ではなく、該当の Web ページに直接投入するシステムも多い。

　ファイルの投入漏れや論文本体の規定ページ数超過のように、電子ファイル一式に 1 つでも不備があると事務局で受領されないため、投稿する場合は投稿規定を熟読することを勧める。

例 12.1　論文履歴と誤算

　拙稿[78]の論文履歴を図 12.2（次ページ）に示す[3]。

　図 12.2 で示した論文誌は理論系であるため一般的な論文誌より査読期間は長いリスクがある。しかし、筆者は研究成果の親和性や論文誌の知名度を考慮して、この論文誌を選択した。

　最初の投稿では多数の査読者からの厳しいコメントを受け、追加実験や大幅な修正に多大な時間を要したことや、修正した原稿に対して再度厳しいコメントを受け、結果的に三度の査読を要したため、最初の投稿から採録決定まで 2 年 7 ヶ月を要した。

　査読者からの有益なコメントや助言により、拙稿の品質は大幅に向上

---

[2]　悪徳論文誌の詳しい見極め方法については、書籍[77, p. 40]を参照して欲しい。
[3]　この論文誌の出版形式は、電子的（いわゆるオンライン）と物理的な紙媒体の両方である。このような論文誌では、電子出版による公開日が論文履歴に記載される。一方、紙媒体で出版する論文誌では論文誌の出版年月が各ページのフッターに入る。

図 12.2 論文投稿から採録決定・公開までの履歴情報
【出典】拙稿[79]をもとに作成
Reprinted from Performance Evaluation, vol. 69, no. 1, T. Ikegawa, Y. Kishi, and Y. Takahashi, "Data-unit-size distribution model when message segmentations occur", pp. 1-16, copyright © 2012, with permission from Elsevier.

した。しかし、追加実験や原稿修正に伴う多大な労力と時間を要した点は、大きな誤算であった。

12.4 論文の作成技法

本節では最初に、論文の読み手の要件とこれにもとづく論文の作成指針を説明する。次に、論文の基本的な構成を解説する。

12.4.1 査読者の読み手の要件と作成指針

●読み手（査読者）の要件

論文の読者は、その論文が対象とする分野の研究者・技術者と査読者である。前者の読み手の要件は、予稿のそれとほぼ同じである（10.7.1 節参照）。ここでは、後者の査読者が読み手である時の要件を中心に説明する。

査読者である読み手の要件は通常、次のように与えられる。

Who：投稿規定に記載された分野の専門家。通常、編集委員（Associate Editor）により指名される。

Why：投稿論文の掲載採否の判断のため（最終的には、編集委員や編集委員会が採否を決定するが、その判断材料を提供するため）。通常、表12.2に示す評価項目、すなわち、新規性、有効性、信頼性、了解性を、論文誌が定める評価基準に従って、定量的（一般的には5段階）に評価する。

What：投稿論文の成果（主張点）、およびこれと先行研究との関係

When：査読は慈善行為のため、本来業務の合間（企業の研究者や技術者の場合、業務時間外がほとんど）

表12.2 査読の観点

観点	説明	具体例
新規性	論文の内容に新規性があること	論文で着目している課題に関する背景（社会動向や既存の研究概要）がわかりやすく書かれていること
		既存の研究（先行技術）との差分が明確に示されていること
有効性	論文の内容が学術や産業の発展に何らかの形で役立つものであること	既存の研究内容と提案内容とを比較した結果が定量的に示されていること
		上記の根拠を含めて、提案方式の優位性や適用領域が示されていること
信頼性[a]	論文の内容が読み手から見て信頼できること	読者の視点から客観的な根拠が説明されていること
		物理的な実験や（数値）シミュレーション等の前提条件が妥当であること
		数式の提示において、導出の前提や仮定が示されていること
		数値計算の方法や過程が示されていること
了解性	論旨の展開が十分理解しやすく、論旨を順序立てて明瞭に記述していること	わかりやすい文章表現になっていること[b]
		序論「はじめに」、結論「おわりに」を読むだけで全体が把握できること
		投稿先の投稿規程（用語、記法など）に従っていること

[a] 査読時に直接評価できないが、「再現性（検証可能性）」が信頼性を保証する要素として、特に科学技術分野の論文では、きわめて重要である。再現性とは、論文著者以外の誰もが追試しても同じ結果が得られることであり、この保証のために論文の基礎となったデータ類の保存もきわめて重要である。なお、再現性に欠けることから論文だけでなく研究そのものが否定された例が、世間を騒がせたことも記憶に新しい。

[b] パラグラフ分けや一文一義等を駆使してわかりやすい文書となっていることも、査読ポイントである。

【出典】文献[79]をもとに作成

How：表 12.2 に示した項目を評価するために精読する。ただし、序論を読んで新規性がわかりにくい論文では、それ以降を読まないことが多い。このような場合、査読者は投稿論文を「不採録」と判定する。

●論文の作成指針

以上の要件から導かれる論文の作成指針は、表 12.2 に示した項目に留意して作成することである。

12.4.2 基本的な構成

論文の構成は基本的に、予稿と同じである。予稿と比べた主な違いを以下に示す。

1. 著者名

    論文の場合、編集委員や採録後出版社とのやりとりが必要となる。そのため、複数の著者がいる場合には著者代表とする問い合わせ先（corresponding author）を指定しなければならない。通常、筆頭著者またはプロジェクトの責任者（貢献度に従い著者名を並べる場合、末尾に記載された研究者）が問い合わせ先となる。

2. 概要

    序論「はじめに」の前に、概要が記載される。概要の書き方については付録 D を参照して欲しい。

3. 序論「はじめに」

    10.7.3 節で述べたように、研究の背景、論文の目的、結果、論文の構成を記載する。

    原著論文の場合、序論に費やす分量は通常 1 ページ以上にわたる。これは、この研究がいかに価値のあるものかを詳細に記述し、読み手に本文を読む前にこの価値を理解してもらうためである。

    特に、本論文の該当分野での立ち位置を明確にかつ具体的に記述する必要がある。そのため、予稿と比べて遥かに多数の関連研究・技術を調査し、それらに対する自分の論文の持つ優位性や差異を明確

に記述しなければならない。一般に20件程度の先行事例を参考文献として記載する（多数に及ぶ先行研究事例の章節の位置については、注12.3参照）。

4. 付録

以下のような内容を付録として記載する。

- 論文の論拠として必須ではあるが、一部の読み手しか興味のない詳細な数式の証明
- 本文中に収録するには長く、説明の流れに妨げになるような論証

この付録の導入により、本文の構造が明快になり読みやすくなる。

注12.3　多数の先行研究事例の章節

多数に及ぶ先行研究の事例と、それらに対する自身の論文との違いを説明するために、「先行研究」の章節を序論「はじめに」の次、または結論「おわりに」の前に設けることもある。

12.5 カバーレター

投稿の際には、投稿論文の原稿にカバーレターと呼ぶ文書を添付することを述べた（注12.2参照）。カバーレターは、投稿後に編集委員長（Editor-in-Chief）が最初に見る文書なので、論文本体と同様に、このカバーレターにも最大限の注意を払う必要がある。

きわめて多忙な論文誌の編集委員長は、投稿論文の著者への回答までの時間を短縮させるために、受領した投稿論文を極力短時間で処理（最低限の品質の有無の確認、編集委員の決定等）しなければならない。その判断に役立つのがカバーレターである。

以下の項目を通常、カバーレターに簡潔に記載する。

- 研究の背景、新規性、有効性
- この論文誌を投稿先として選んだ理由
- 投稿論文の内容やデータをすでに国際会議等で発表している場合は、

発表した会合名とその発表論文と投稿論文の違い（必要に応じて、その発表論文を添付すること）
- 必要に応じて、査読してもらいたい研究者名と、対象とする分野で競合する研究者名

12.6 回答文

　回答文とは、採録要件を満たすべく修正し、または一度不採録とされた論文を修正して再投稿する時、修正原稿に添付する編集委員（長）と査読者向けの手紙である。回答文には、査読者に指摘された各コメントに対して、著者の見解と修正概要を記す。

　多忙である査読者は通常、回答文を中心に読むので、修正原稿が採録要件を満たすことを査読者に容易に理解させるように、論旨だけでなく表現にも十分配慮することが大切である。

　回答文の書き方の詳細については、文献[80]を参照して欲しい。

　12.4.1節の査読者の要件で触れたように、論文の査読は慈善行為である。つまり、編集委員（長）と査読者は、あなたのために貴重な時間を無償で割いてくれたのである。したがって、編集委員（長）と査読者への感謝の旨を回答文の最初に記載することを、道徳的に忘れてはならない。

第13章

特許明細書

　1.7.2節において、社会に貢献する高度な技術を考案した場合(正確には「発明」した場合)、発明者の権利を確保するためには、特許明細書(以下、明細書)を作成して特許出願する必要があることを述べた。コラム10.1において、発明者が企業のような営利を目的とした組織に所属している場合、秘匿化戦略をとらない限り、特許取得は必須であることにも触れた。

　10.6節で述べたように、学会発表や論文を通して、その研究成果である技術を公開する前に、特許出願しなければならない。よって、高度な技術を考案した研究者・技術者には、明細書、予稿、論文を含む多数の技術文書をほぼ同時期に作成しなければならない。これらの文書作成作業は、当事者である研究者・技術者に大きな負担をもたらす。

　しかし、明細書に記載する項目は、論文の項目と対応関係がある。この対応関係を利用することによって、明細書を効率よく作成することができる。

　本章では、特許化できる要件や明細書の作成技法を中心に、論文の場合と対比させながら解説する。

13.1 発明の判断基準

　特許法によって保護される対象は「発明」である。特許法第2条によると、「発明」とは「自然法則を利用した技術的思想の創作のうち高度のもの」と定義されている。特許法上、発明は、物の発明と方法の発明とに分類されている。よって、特許を論じるにあたって、「発明」と「発見」を明確に区別する必要がある。

　「発明」と「発見」は一般に、次のように定義づけられている。

発明：今まで世の中になかったものを新たに創りだすこと。
発見：今まで世の中に知られていなかったものを見つけだすこと。

発見の場合は通常、特許化できない。

　自然科学の分野で、新たな法則を見つけ出したことは、「自然界に元来存在していたが、誰にも知られていなかったものを見つけ出したこと」と等価である。よって、これは「発見」になるため、特許化できない。この典型例の1つが新たな数式の導出である。

コラム 13.1　数式とソフトウエア特許

　新たな数式を導出した場合、この行為は「発見」にあたるため、数式自身では特許化できない。しかし、数式に基づいたアルゴリズムを考案した場合、それを実装するソフトウエアは特許化可能である(これを「ソフトウエア特許」と呼ぶ)。

　簡単な例として、ある自然現象を、変数 x と y からなる関係式(関数) $y = f(x)$ で表現できることを「発見」したとする。この数式自身は、発見の産物であるため特許化できない。しかし、変数 y を最適化するように変数 x を操作するアルゴリズムを考案し(つまり「方法」を発明し)、それを実装するソフトウエアを創作した(つまり「物」を発明した)場合、そのソフトウエアが 13.2 節で述べる特許要件を満たせば、特許化可能である。

　このように数式をアルゴリズムのような「方法」として、あるいはソフトウエアのような「物」として発展させるアイデアを考案することにより特許化でき、この特許化を通して企業に利潤をもたらす可能性があることを理解して欲しい。

　例えば、ページランク(PageRank)と呼ばれる、Web ページの重要度を決定するアルゴリズムは、確率過程の一種である「マルコフ連鎖」をもとにしている(マルコフ連鎖自身は数式なので特許化できない)[81]。このアルゴリズムを考案し特許化・製品化したのは、巨万の富を得た Google の創設者である。

13.2 特許としての成立要件

明細書に記載されるアイデアが法的に保護されるためには、以下の成立条件を満たす必要がある。

1. 日本国内又は外国において公然と知られていないこと（特許法上の「新規性」があること）。
2. 独創性があること（特許法上の「進歩性」があること）。
3. 優位性があること（同一の発明に対して複数の出願があった場合、世界で最初に出願していること）。
4. 明細書の記載が適正であること。
5. 特許法上の発明であること（13.1 節参照）。
6. 産業上利用できること。したがって、学術的または個人的な利用に限定される場合は、特許化できない。なお、医療現場で直接患者に施される手術や診断等の医療方法に関する発明は産業上利用できるが、人道的な配慮から特許として認められない。
7. 公序良俗に反していないこと。犯罪に利用できる等の公の秩序や公衆の衛生を害する発明は、特許権が付与されない。

特許成立要件 5 と 6 より、発見や理論的な研究成果（例えば理学分野の成果）では、論文化は容易でも、特許化は困難となることが多い。しかし、コラム 13.1 で触れたように、発見や理論的な成果でも、見方を変えることによって、その成果を「物・方法」へ発展させることがあるため、このような成果を創造した研究者は一度、知的財産の専門家（例えば所属組織の知財担当者や弁理士）と相談することを勧める。

注 13.1　特許法上の新規性と進歩性

特許法の条文では、用語「新規性」と「進歩性」が使われている。以下で、これらの用語と、注 6.1 で説明した予稿・論文のような学術分野での用語「新規性」と「独創性」の関係性について解説する。

- 特許用語で「新規性がない」とは、「出願前に国内外ですでに公然

と知られている、実施されている、刊行物に記載されている、または発明者の意に反して関連する情報が流通されている場合」を意味する(特許法29条1項2号)。

例えば、発明の内容が出願前に予稿や論文等で公開されてしまったり、製品化されたり、機密保持契約を締結することなく他社に開示・漏洩してしまうと、特許用語での「新規性」が喪失してしまうことになる(10.6節参照)。このように、特許上の「新規性」の意味は、予稿・論文で用いられる用語とは異なる点を注意して欲しい。

- 特許用語の「進歩性がない」とは、「発明分野と同一業種の研究者・技術者のような、その分野での技術に習熟している者が容易に思いつく場合」を意味する(特許法29条2項)。これは予稿・論文で用いられる「独創性がない(少ない)」と等価である。

注13.2 属地主義

各国の特許権等の効力は、その国においてのみ認められる。これを属地主義と呼ぶ。したがって、日本で取得した特許の効力は外国には及ばない。もし他国で権利化したい場合は、外国出願が必要となる[1]。

逆に、他国で公知化された内容(海外の論文誌で公開された内容等)は、特許法上の新規性の喪失により、日本でも特許化できない。

注13.3 強い特許

次の要件を満たす特許は、他者からの強い攻撃に対して防御できることから、「強い特許」と呼ばれている。

- 権利範囲を外した形では実施できない。
- 他人が無断でその特許を実施しても、容易に発見できる。すなわち、監視性が高い。
- 明細書に瑕疵がない。

「強い特許」を作成するスキルを身に着けるためには、知的財産の専門家の知恵を拝借しながら試行錯誤で多数の明細書を作成し、研鑽をつむことが早道である。

13.3 明細書作成から特許公報掲載までの過程

　明細書作成から特許公報掲載(特許と認められて公的文書「特許公報」に掲載される)までの過程を図13.1(次ページ)に示す。

　出願した発明が特許として認められるためには、特許庁による審査を通過しなければならない。そのため、図13.1で示した過程は、査読と呼ぶ審査を必要とする論文での投稿から掲載・公開までの過程(図12.1参照)と類似している。

　しかし、特許化の手順は法的に厳格に定められていることや、特許権は経済的価値を生みだすことより、その手順は論文化の手順と一部異なる。

　特許化手順での特有の特徴を次に示す。

- 明細書は請求項(13.4.3節参照)のように、難解な法的文章を含む。そのため、発明者(または発明者の所属組織の知的財産担当者)は明細書の原案を作成するが、最終版の明細書の作成については弁理士に依頼することが多い。
- 出願人による取り下げの申請や早期審査の請求等がない限り、出願から1年6ヶ月経過した時に、出願時の明細書の内容は「公開特許公報」に掲載される。一方、論文は、査読結果が採録とならない限り、掲載・公開されない。
  ○ 出願人は、出願時の明細書を特許として権利化するためには、出願から3年以内に特許庁に対して審査を請求しなければならない。(出願から3年経過しても審査請求しなければ、「取り下げ」とみなされ以後、権利化できない)。

　　特許査定(つまり特許として認定)された出願については、出願人が特許料を納めると特許権が発生し、特許権の内容が「特許公報」に掲載される[2]。

---

1) 日本以外の国に特許出願する手続きとして、PCT(Patent Cooperation Treaty:特許協力条約)に基づく出願とパリ条約にもとづく出願がある。
2) 特許公報には審査官の名前が掲載される。一方、論文の査読者は匿名である。

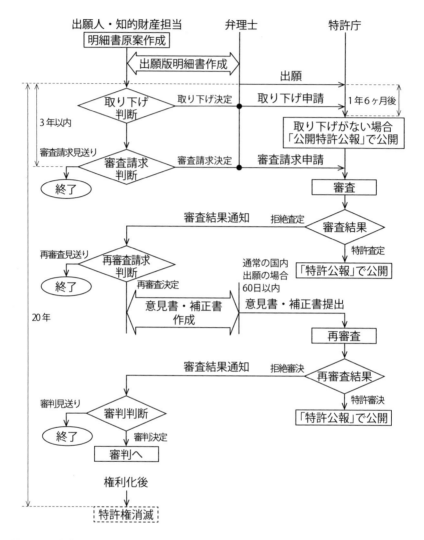

図 13.1 明細書作成から特許公報掲載までの過程
【注】出願人とは、発明者本人または発明者から「特許を受ける権利」を譲り受けた個人または法人である。職務発明の場合、発明者から権利を譲り受けた法人となる（コラム6.2参照）。

- 特許庁から拒絶査定を受けた時、60日以内に意見書・補正書を提出することにより再審査を請求できる。ただし、この場合、新規事項の追加は認められていない。つまり、論文のように大幅に修正できない。このため、出願時の明細書では、考えうるすべての事項をできる限り

網羅しなければならない。
- 特許庁からの拒絶査定に対して不服がある場合、出願人は知的財産高等裁判所(続いて最高裁判所)に審判を求めることができる。
- 特許権の存続期間は出願から最長20年である(注6.3参照)。権利を維持するためには、各年分の特許料(一般に「年金」と呼ぶ)を前年以前に納付しなければならない。

注 13.4　多い拒絶理由

特許庁管轄の外郭団体「工業所有権情報・研修館」によると、既に同じ発明が公開されている(すなわち特許法上の「新規性」が乏しい)という理由での拒絶が多いとのことである[82]。このため、事前に公開特許公報、特許公報、実用新案公報等を十分に調査しておくことが大切である。

注 13.5　特許付与された発明の無効化

特許庁により一旦認められ特許付与された発明でも、他者からの申立や審判請求により無効となる場合がある。無効化の手続きとして次の2つがあげられる。

特許異議申立：特許公報掲載後、特許異議申立書を6ヶ月以内に特許庁に提出する。何人(なにびと)も申立可能である。

特許無効審判：裁判による当事者間の紛争解決を通して、特許を無効化する(例6.1でのノンアルコールビールの成分特許の事例参照)。ただし、利害関係のある個人・組織のみが審判を請求可能である。

13.4 明細書の作成技法

13.4.1　明細書の読み手の要件と作成指針

◉読み手の要件

明細書の読み手は、論文と類似しており、
- 特許付与の妥当性を判断する特許庁の審査官(論文では査読者)

- 発明の技術分野に興味をもつ研究者・技術者

とに大別される。これらの読み手は、発明分野に対して一定程度以上の専門知識を持っていると想定できる。

●明細書の作成指針

上記の審査官の要件は、12.4.1 節で述べた査読者の場合とほぼ同じである。ただし、特許明細書の位置づけや審査官の特徴から、明細書の作成では、以下の点を留意する。

- 審査官は審査対象の分野に精通していると限らない。理系大学卒業の学歴を有する専門家を想定し、そのレベルの専門家が理解できる内容とする。
- 幅広く権利を押さえるために、1つの発明を多角的に考察し、それらを複数の請求項として記載する。発明の実施形態の説明では、想定しうる多数の事例をあげる。

13.4.2 基本的な構成

明細書で記載する項目は「発明者、特許出願人、発明の名称、代理人、特許請求の範囲、技術分野、背景技術、先行技術文献、発明の概要『発明が解決しようとする課題、課題を解決するための手段、発明の効果』、図面の簡単な説明、発明を実施するための形態、産業上の利用可能性」である。これらの項目は、論文の記述項目に対応させることができる。明細書の項目と論文の項目との対応関係を表 13.1 に示す。

明細書の例については[82]や[83]を参照して欲しい。

13.4.3 請求項の書き方

「特許請求の範囲」は請求項と呼ばれる複数の項目から構成される。請求項の書き方は次の通りである(例 13.1 参照)。

1. 文字・記号だけで記載する。したがって、図表・写真を使うことはできない。ただし、数式は使ってもよい。
2. 箇条書きとする。

表 13.1　明細書の項目と論文の項目との対応関係

明細書		論文で対応する項目	備考
発明者		著者	発明者の法的な定めはないが、判例によりオーサーシップ(10.7.3節参照)に準ずる。発明者が複数の場合、出願の前に各発明者の寄与率を決めておく
特許出願人		著者の所属組織の代表者	—
代理人		該当なし	—
発明の名称		論文で取り扱っている装置や方式の名称	論文の表題とは異なる
特許請求の範囲		結論の項目	幅広く権利を押さえるために、論文での結論を抽象化した内容を最上位の請求項とする。それを派生させて下位の請求項を作成する(13.4.3節参照)
技術分野		「序論」で記述する社会的動向	—
背景技術		「序論」で記述する研究の背景	—
先行技術文献		「序論」で記述する先行研究例の参考文献	参考文献を特許文献と非特許文献とに区別して記載する
発明の概要	発明が解決しようとする課題	「序論」で記述する先行研究例において未解決の研究課題	
	課題を解決するための手段	「序論」で記述する課題を解決するための手段	
	発明の効果	本論の「結果」の章節に収録するグラフやデータおよび従来の技術に対する優位性の記述部分	
図面の簡単な説明		各図の表題をもとにした簡潔な説明	—
発明を実施するための形態		本論の「方式」の章節で記載する提案方式	実際に製品化する形態にかかわらず、想定しうる形態を多数あげると「強い特許」になる[a]
産業上の利用可能性		「序論」で記述する社会動向に関わる技術分野	適用対象を具体化して記述する

[a] 論文では、限られた紙面数のなかで、査読者や読者に強い印象を与えるため、最適なデータやその実現方法に絞って示す。しかし、幅広い分野からの他者の参入を防ぐ必要がある特許では、最適な実現方法の実施形態のみならず、想定しうる実施形態を多数あげておく。

3. 各項目は体言止め(名詞)とする。その体言(名詞)は「発明の名称」と一致させる。
4. 1つの発明をさまざまな角度から考察し、それらを複数の請求項とし

て記載する(13.4.1 節参照)。
5. 各項目は、「〜において、○○を特徴とする△△(発明の名称)」のように記述する。「〜において」の箇所で発明のための前提手段を記載し、「○○を特徴とする」の箇所で発明に伴う追加手段を記述する。
6. ある請求項で記載した内容を含みつつ具体化するような請求項を「従属請求項」と呼ぶ。従属請求項は、「請求項 X に記載の△△(発明の名称)において」のように、従属請求項の前提である上位の請求項を明示する[3]。

例 13.1　特許請求の範囲

●発明の内容

図 13.2 に示すデータ解析装置を考える。

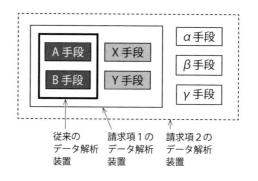

図 13.2　データ解析装置

A 手段と B 手段を有する従来のデータ解析装置に、次に示すように、段階的に手段を追加することによって、従来のデータ解析装置と比べて高速でかつ予測精度の高いデータ解析装置を考案したと仮定する。

その 1：X 手段と Y 手段

その 2：その 1 に加え、α 手段、β 手段と γ 手段

発明の名称を「データ解析装置」として、上記の発明の「発明の名称」と「特許請求の範囲」の記載例を次に示す。

●発明の名称
　データ解析装置

●特許請求の範囲
　請求項1：Ａ手段とＢ手段を有するデータ解析装置において、Ｘ手段とＹ手段を有することを特徴とするデータ解析装置
　請求項2：請求項1に記載のデータ解析装置において、α手段とβ手段とγ手段を有することを特徴とするデータ解析装置

【解説】　発明の内容から、発明の名称をデータ解析装置とする。
　次に、特許請求の範囲を解説する。最小の手段で実現できる発明を最上位の請求項として記載する。それに枝葉をつけるように従属請求項を追加していくと良い。これにより、次のような効果をもたらす。

- 請求項1が特許化された場合、もし他者が「Ｘ手段とＹ手段」を含む発明を考案した時、この発明に対抗できる可能性がある。
- 「Ｘ手段とＹ手段だけの追加」は進歩性がない等の理由で請求項1が拒絶されたとしても、従属請求項である請求項2で記載した「Ｘ手段、Ｙ手段、α手段、β手段、γ手段」の追加は進歩性がある等の特許要件を満たせば、請求項2が権利化される可能性がある。

注13.6　弁理士の役割と選び方

弁理士は次のような役割をもつ。

- 発明者や知的財産担当が作成した特許明細書の原案をもとに、法的に定められた様式に従って特許明細書に仕上げ、特許庁への出願処理を代行する。
- 弁理士は審査請求の期限が迫ると、発明者や知的財産担当にその期限を伝える。
- 発明者や知的財産担当者が審査請求を行う判断をした時、その手

---

3) 権利範囲が広い請求項は、特許法上の新規性・進歩性がないと判断される可能性が高い。しかし、上位の請求項は拒絶されても下位の従属請求項は権利化できる場合がある(例13.1参照)。

続きを代行する。
- 特許庁の審査官から拒絶通知があった場合は、意見書・補正書の原案を作成し、発明者と相談した上でそれらを申請する(通常は成功報酬である)。

このように弁理士は、明細書作成や権利化において重要なパートナーとなる。特に、出願にあたって特別な事情(例えば、他者の出願への対抗、将来国際標準化する可能性あり、外国出願の予定あり)がある時は、必ず弁理士に相談することを勧める。

パートナーである弁理士の選定は、費用対効果を考えて、以下のように慎重に行わなければならない。
- 弁理士ごとに得意とする技術分野があるため、発明者の技術分野と合致する弁理士を選ぶ。
- 複数の弁理士に見積もりをとる。筆者の経験では、見積もり金額に最大2倍の開きがあった。
- 利益相反取引を避けるために、発明者と競合する企業が弁理士の取引企業に含まれていないかを確認する。

付録A

PDCAサイクル

　PDCAサイクルは、外部・内部環境の変化に柔軟に対応して継続的に評価・点検と改善を繰り返し、当初の目標を達成するための経営管理手法の1つである。この手法はさまざまな場面で適用できる。例えば、本書ではプロジェクトの運営や技術文書の作成において、PDCAサイクルの実践の必要性を述べた（例えば1.6.2節と2.4節参照）。

　本付録では、研究者や技術者にとって修得すべき手法であるPDCAサイクルを概説する。

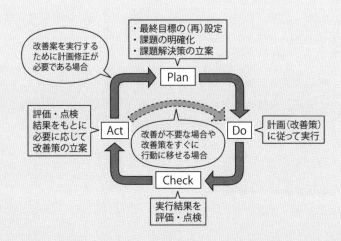

図A.1　PDCAサイクル

　PDCAサイクルは、図A.1に示すように、4つの工程を繰り返すことを意味する。以下、各工程を説明する。

Plan（計画）：
1. 最終的に到達したい目標を具体的に決める。可能であれば、定量的な目標（数値目標）を設定する。経営的視点で PDCA サイクルを実践する場合は、重要業績評価指標（KPI：Key Performance Indicator）と呼ぶ定量的な指標を設定することが多い。

　　後述する Act 工程で計画を見直すことが必要となった場合、目標を再設定することも視野に入れる。
2. 現状と目標の差（つまりギャップ）から課題を明らかにする。
3. 課題解決のために Do・Check・Act 工程で実施すべき 6W4H の要素を、見通せる範囲で可能な限り具体的に決める。

　　リスク管理上、計画通り進まない時の対処を立案しておくことも重要である。

Do（実行）：計画に従って、ひたすら実行する。

Check（評価・点検）：計画時に立案した方法により、実行結果を評価・点検する。

Act（改善）：評価・点検結果をもとに、必要に応じて改善策を立案する。改善の要否、改善が要の場合その度合いに応じて、Plan 工程または Do 工程に進む。

- 改善策を実行するために計画修正が必要である場合
  評価・点検結果が目標に対して大きく乖離し、小さな修正で済まない等のように、計画自身を見直して対処しなければならない場合は、Plan 工程に進む。当初の計画を撤回して、新しい計画を策定することも視野に入れる。
- 改善が不要の場合
  評価・点検結果が目標を達成しているため改善が不要の場合は、当初の計画通りに実行を継続する。つまり、Plan 工程へ進まず、Do 工程へ進む。
- 改善策をすぐに実行できる場合
  評価・点検結果が目標に対して下回ったが、その改善策がすぐに実行できる場合、その改善策を実行に移す（つまり、Do 工程へ進む）。

注 A.1　完璧すぎる計画より大まかな計画立案

完璧すぎる計画の立案に固執すると、計画工程に多大な時間を要することが多い。計画より実行である。

開始時に課題解決の具体案が不明な場合でも、9.3 節で述べた「仮説検証の手順」を実践しながら、計画の精度と粒度を高めることを勧める。これによって、プロジェクト全体の労力と時間が節約されやすい。

注 A.2　一度のサイクルで完了する PDCA

短期間で仕上げる議事録の作成や一度だけの発表で完結する講演では、一度の PDCA サイクルで完了する。次回の同様な作業での生産性や成果物の品質を向上させるために、以下を心掛けると良い。

1. Do・Check・Act 工程で得られたノウハウを形式知化（つまり文書化）する。
2. その形式知を同様な作業での Plan 工程へ反映させる。

コラム A.1　PDCA サイクルの提唱者と品質管理・保証規格 ISO 9000 シリーズ

PDCA サイクルの基礎となったのは、戦前に統計学者ウィリアム・エドワーズ・デミングと技術者ウォルター・アンドルー・シューハートが提唱したアメリカの品質管理手法である。デミングは、1950 年の日本での講演で、品質管理のサイクルの手法をはじめて「PDCA サイクル」と称した。その後、この用語は世界に浸透した。

デミングは後に、PDCA サイクルでの C(Check) を入念な評価を行う S(Study) に変更して、PDCA サイクルを PDSA サイクルと改めた。

アメリカの国防総省は 1958 年に、高品質の軍需品の調達のために品質管理・保証規格を制定した。その後、イギリス、フランス、ドイツ等でも、独自の国家規格が制定された。

国際的な通商活動が進展する中で、各国の国家規格を統合する機運は高まった。そこで、ISO（国際標準化機構）は品質管理・保証を検討する専門委員会を設置し、1987 年に国際標準規格として「ISO 9000 シリーズ規格」を制定した（例えば書籍

[84, 第 1 章]参照)。

ISO 9000 シリーズの中で品質管理の手順を規定している ISO 9001 では、PDCA サイクルを根幹の手法として記載している[84, p. 68]。

企業は顧客が満足する品質の製品を、常に提供しなければならない。これを受け、各企業には ISO 9001 に準拠した適正な品質管理が要求され、その証として第三者機関による認証取得が求められている。

本書執筆時、製造業で品質検査結果を改竄する不正が相次いで発覚している。「品質立国」を標榜する日本の企業の矜持は形骸化しているのだろうか。これを機会に、経営陣のみならず研究者・技術者には、品質管理の現状を入念に Check（つまり Study）し、Act → Plan → Do → … を実践して欲しい。

例 A.1　学園祭での「ご当地名産」販売

●シーン

あなたは C 大学内のサークルの部長である。学園祭では模擬店を出して、その利益をサークル活動資金にしている。今年の学園祭では、地方出身のメンバーが多いことを鑑み、各メンバーの実家から名産を安価に取り寄せ、それを販売することにした。

昨年は計画を立案したものの、状況に応じた対応を怠ったため赤字になってしまった。そこで、今回は PDCA サイクルを実践することにした。

このシーンでの PDCA サイクルの実践例を次に示す。

Plan：
- 最終目標の設定

  重要業績評価指標 KPI を「利益」とする。目標値を昨年と同じく 50000 円とした。午前 10 時から午後 6 時までの 2 日間(つまり 16 時間)開店するとして、1 時間当たりの利益の目標値 KPI_h を 3125 円とした[1]。

- 課題の明確化

  商品(ご当地名産)の原価を 300 円($=x$)とし、その商品の売

価を 500 円（= y）とすると、商品当たりの利益は 200 円（= r = $y - x$）となる。KPI_h を達成するためには、1 時間当たり 16 個（=「KPI_h/r」）の商品を販売しなければならない[2]。

昨年の実績をもとにメンバーと議論した結果、来客数のさらなる増加が課題となった。

● 課題解決策の立案

1. この課題のために、来店のインセンティブとなるクーポン券を、SNS を使って配布することにした。
2. クーポン券による割引率を 10%（= α）とし、その利用率を 50%（= β）と想定した。この場合、商品当たりの利益は、175 円（= $r_c = (1-\alpha\beta)y - x$）となる。

    KPI_h を達成するためには、1 時間当たり 18 個（=「KPI_h/r_c」）の商品を販売しなければならない。
3. 1 時間ごとに、売り上げ、利益、販売個数およびクーポン券の利用者数を把握する（つまり Check 工程を実施する）ことにした。
4. 次に示すように、1 時間当たりの利益の実績値 Profit_h と KPI_h の大小関係より、改善策を立案する（つまり Act 工程を実施する）ことにした。

    ○ $\text{Profit}_h \leq 0.7 \times \text{KPI}_h$ または $\text{Profit}_h > 1.3 \times \text{KPI}_h$ の場合

    目標値 KPI_h の妥当性を吟味し、必要に応じて KPI_h を修正する。修正後の KPI_h を達成するように、販売価格・クーポン割引率やメンバーの役割分担を見直す。

    ○ $\text{KPI}_h \leq \text{Profit}_h \leq 1.3 \times \text{KPI}_h$ の場合

    順調に進んでいると判断し、改善することなく計画に従って実行する。

    ○ $0.7 \times \text{KPI}_h < \text{Profit}_h < \text{KPI}_h$ の場合

    販売価格・クーポン割引率を見直すことなく、メンバーの役

---

1) 学園祭の他のイベントの開催時間等では来訪者数が減少するため、時刻毎に KPI_h を設定した方がよい。ここでは、簡単化のため、最初の計画時では固定値とする。実際は、PDCA サイクルの実践により、KPI_h も動的に変動する。
2)「x」は、実数 x に対して x 以上の最小の整数を意味する。

割分担の見直しのようなすぐに実行可能な改善を行う。

Do：計画に従って実行する。

販売開始 1 時間後の Check：1 時間当たりの売り上げと Profit_h は、それぞれ 7250 円と 2750 円であった。この時、$0.7 \times \text{KPI}_h < \text{Profit}_h < \text{KPI}_h$ であったため、販売価格とクーポン割引率を維持しつつ、すぐに実行できる改善策を検討することとなった。

Act：メンバーと議論した結果、以下の問題点が指摘された。

- 販売個数の実績値は 15 個であり、目標の 18 個に対して 11% 少なかった。
- クーポン券の利用率の実績値は 33% であり、想定に対して 13% 少なかった。

上記の分析結果をもとに、次のサイクルでは、来訪者数の増加により販売個数を増加させ目標を達成できるよう、以下の試みを実施することにした。

- 模擬店会場へ誘導するメンバーを正門に配置する。
- 「クーポン券利用でお得」を強調し来店を促すように、SNS のコンテンツを修正する。

Do：改善策に従って実行する。

例 A.2　キャリアデザイン

社会保障制度が整い、安全・安心・健康で暮らせる今日では、時に流され、漫然と人生を送ってしまう。しかし、生きる目標を常に持ち、その目標達成に向け前向きな行動を取ることによって、例え思い通りの結果を得られなかったとしても、自身が納得できる生涯を過ごすことができるだろう。

人生の支配的要素は、職歴すなわちキャリア（career）である。よって、自身の職業人生を自らの手で構想して行動案を作成するキャリアデザインは、実りある人生を送る上で大切である。

社会経済や家庭状況のような外部環境や、スキル・価値観のような自身の能力・属性の状況（つまり内部環境）は、年齢とともに刻々と変化する。このような動的変化に適応して、最適な職業を選択するために、

「PDCAサイクルの実践」をキャリアデザインに適用することは有効である[75]。

例えば、キャリアを構築する最初のステップである就職活動開始時に、大まかな人生設計（Plan工程）を行い、就職（Do工程）後、年末や人生の節目のような適切な時機[3]でCheck工程を実施し、Act工程を実施すると良い。

次に、転職を例に、キャリアデザインを簡単に説明する。

● シーン

あなたはC大学大学院数理科学研究科修士課程の修了生である。就職活動開始時、以下のような大まかな方針を作成した（つまりPlan工程を実施した）。

- 人生の伴侶を得るまでは、自身の専門性を活かせ、やりがいを感じる職種と就業先を選択する。
- 一家を構えるような場面に遭遇した時は生活維持を優先し、必要に応じて転職する。
- 就職・転職活動にもPDCAサイクルを実践する。

この方針に従って就職活動でPDCAサイクルを実践した結果、研究・開発職を選択し、自身の強みである数理の専門学力・研究力を活かせる業務部門を持つ企業Xに就職することができた。

企業Xへの就職後、勤勉が実り昇格することができた（つまりDo工程を実施した）。さらに、時を経て人生の伴侶を得て、2人の子宝にも恵まれた。

長男が来年春に私立中学校への進学を控えており、最初の計画にもとづき、自身のキャリアを見直すことにした。

以下のCheck工程とAct工程を行った。

Check：予想される支出を精査すると、教育費の負担が家計を圧迫し、生活を維持するのが困難になることがわかった。

---

3) 時機として、年末や年度末毎のような社会制度上での周期の開始時、大学卒業（大学院修了）、昇進、結婚、出産等のようなライフサイクル上における大きな転機が考えられる。最近の研究では、転機を活用して計画や改善を行い、それ以外は職務等に専念することが推奨されている。

Act：評価・点検結果をもとに転職することにした。
Plan：最初の計画を踏まえ、転職活動においてもPDCAサイクルを実践することにした。

転職活動のPlan：今回の転職活動では、最適な職種と就業先の選定を的確に実施するために、次のような定量的な指標KPI_cを導入することにした。

$$KPI_c = w_1 \times 報酬 + w_2 \times やりがい + w_3 \times 自己成長.$$

今回は、長男の教育費を賄えるよう十分な収入を得る必要があるため、「報酬」に対して大きな重みを付けた（つまり$w_1 \gg w_2 = w_3$）。

ビッグデータ時代の到来や自身の経歴・スキルを踏まえ、高い報酬が期待されるデータサイエンティスト（data scientist）[4]を、転職する職業として選択した。

口コミや転職サイトの情報をもとに、KPI_cを最大化する転職先候補として企業Yと企業Zを選んで、以下の計画を立案した[5]。

1. ○○月末までに、企業Yと企業Zの中途採用受付Webサイトを通してエントリーする。
2. △△月末までに、各人事担当者との面談を通して待遇等の条件を確認する。
3. □□以上の年収を提示した企業に対して、転職活動を進める。
4. 実際に転職する場合は、企業Xで担当しているプロジェクトの終了後、引継ぎ等を行い、円満に退社する。

転職活動のDo：上記の計画をもとに、次のように実行に移した。□□以上の年収を提示した企業Yへ転職することにし、企業Xで担当しているプロジェクトの終了後、企業Yへ転職した。

転職活動のCheck：運よく計画通りに実行できた。今回の転職を通して、さまざまな知見が得られたので、次回の転職に役立てるためにそれらを文書化した。

評価：次男が中学校に進学する時期に、自身の成果や家計を精査した。
…

コラム A.2　座右の銘

　筆者の座右の銘は故事「人間万事塞翁が馬」である。これは、「人生では吉凶・禍福を予測できない」の例えである。筆者は失敗した時、この銘に従い、反省はするが後悔しないように心掛けている。

　変化の激しい外部環境の中で、多くの読者は将来の吉凶・禍福を制御できないと思うかもしれない。しかし、人生の節目のような適切な時機においてキャリアデザインを励行すると、コラム 10.2 で述べた掘り出し物「セレンディピティー」に遭遇する確率が増すであろう。

4）コラム 5.2 で述べた「データサイエンス」の知識・技能を有する研究者・技術者である。ビッグデータ時代の本格的な到来により、データサイエンティストの需要は極めて高い[75]。
5）最適な組（職種、就業先）を選択する問題（つまり職業選択問題）は、価値観、生活に必要な最低限の収入等の拘束条件のもとで KPI_c を最大化する選択肢を見つける「最適化問題」として取り扱うことができる。最適化問題を簡便に解く方法については、拙稿[75]を参照して欲しい。

付録B

パラグラフ内の文の展開順序と論証

4.1.3節において、パラグラフは、その主題を要約した主題文と、その主題を詳細に説明する(複数の)支持文と、必要に応じてそのパラグラフ全体の内容をまとめる結論文により構成されることを述べた。複数の支持文を一定の論理的順序に従って並べると、読み手の理解度は向上する。

そこで、本付録では最初に、基本的な展開順序である、時間順、例示、事実／根拠、因果関係を概説する。次に、予稿や論文で用いられる論証の基本的な例である演繹法と帰納法を概説する。

B.1 パラグラフ内の文の展開順序

本節では、パラグラフ内の文の展開順序の基本的な例を説明する。

時間順

主題文で示した事柄を、関連する事象の発生時刻に従って、各事象を説明する方法である。順序を表す接続詞である「最初に」、「次に」、「最後に」等を用いる。

以下の例では、下線文が主題文である。

> ○○は次の手順に従う。最初に、…を行う。次に、…を行う。最後に、…を行う。

例示

主題文で述べた事柄を、例をあげて説明する方法である。「例えば」のような接続詞が用いられる。

合金とは、金属元素に1種類以上の金属または非金属の元素を加えたものである。例えば、銅を主体とすれば銅合金、アルミニウムを主体とすればアルミニウム合金と呼ばれる。

事実／根拠

　主題文で述べた事柄の妥当性を説明するために、事実や根拠を並べる方法である。

　　スマートフォンの需要は著しく増大している。これは、○○から理解できる。さらに、△△からも明らかである。

因果関係

　主題文で示された事柄が原因となって結果を説明する方法である。因果関係を明らかにするために、「したがって」、「これによって」、「その結果」のような接続詞が用いられる。

　　インターネットとその高速化により、異なるコンピューター間のデータ通信が容易に実現できるようになった。これによって、超分散でのデジタル情報処理やシステム開発が可能となった。

B.2 論証

　読み手に技術文書の結論や主張を納得させるためには、論証が欠かせない。論証とは、事実や妥当な根拠を示して結論、主張、判断が真であることを推論することである。この論理的推論には、演繹（deduction）、帰納（induction）、類推（analogy）、仮説形成（abduction）の4種類の分類があるとされている。

　以下では、基本的な推論方法である演繹法と帰納法を説明する（次ページ図B.1参照）。

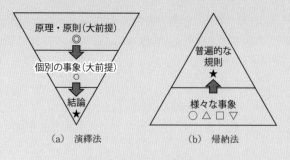

図 B.1 演繹法と帰納法

演繹法

演繹法とは、前提から結論を導き出す推論の方法である。演繹法では、「前提が真であれば結論も真にちがいない」という論証の形をとる。演繹法の典型例は3段論法である。

例 B.1　演繹法

1) X誌の掲載にあたっては、新規性、有効性、信頼性、了解性の4つの要件をすべて満たす必要がある。
2) A氏の投稿論文は、査読者による審査結果によると、X誌での4つの掲載要件をすべて満たしている。
3) よって、A氏の投稿論文は、X誌の掲載に値する。

この例では、最初に1)で原理や原則を示し、次に2)で1)に関連する個別の事象を示し、最後に1)と2)を前提として3)の結論を導いている。

上記の1),2),3)の文章はパラグラフの作成ルールに従うと、次のように書き直すことができる。下線の文が主題文である。

　　A氏の投稿論文はX誌の掲載に値する。X誌での掲載条件は、新規性、有効性、信頼性、了解性の4つの要件をすべて満たすことである。A氏の投稿論文は、査読者による審査結果によると、この4つの掲載要件をすべて満たしているからである。

帰納法

　帰納法とは、さまざまな事例から共通性や類似性を明らかにし、普遍的な規則を導く推論方法である。

> **例 B.2　帰納法**
> 1) A氏が受け取った迷惑メールには、X の URL のリンクが張られていた。
> 2) B氏とC氏が受け取った迷惑メールにも、X の URL のリンクが張られていた。
> 3) よって、X の URL のリンクが張られているメールは迷惑メールである。

　この例では、最初に1),2)で個別の事例を示している。次に1)と2)を前提に推論して3)で主張を展開している。

　上記の1),2),3)の文章を、パラグラフとして次のように書き直すことができる。

　　<u>X の URL のリンクが張られているメールは迷惑メールである。</u>なぜなら、A氏、B氏およびC氏が受け取った迷惑メールの全てに X の URL のリンクが張られていたからである。

付録C

発明の知的財産戦略

知的財産とは、

- 自然法則を利用し新規性があり産業上有用なアイデア（発明）
- 物品の形状・構造・組み合わせに関する考案（実用新案）
- 美感・新規性のある物品の形状・模様・色彩に関するデザイン（意匠）
- 商品・役務に使用する文字・図形・記号（商標）
- 創作性のある著述（著作物）

等の人間の創造的活動により生み出される無形の財産の総称である。これらの知的財産の創作者が一定の期間独占的に利用できる権利を、知的財産権と呼んだ。前述の知的財産に対する権利を、それぞれ特許権、実用新案権、意匠権、商標権、著作権と呼ぶ。

これらの知的財産の中で発明については、注6.4や10.6節で、権利化（つまり特許化）せずに秘匿化する戦略が、時に有益となることに言及した[1]。

「日本では技術で勝ってビジネスで負ける」と揶揄されるように、発明での知的財産戦略に失敗した例が数多くある。その典型例が、半導体、液晶テレビ、リチウムイオン電池である（[42, 第1章], [85]）。

これらの製品の核となる技術については、日本の企業が世界に先駆けて考案した。しかし、その技術を特許として公開したため、人件費の安い新興国の企業が公開技術を利用して安価な製品を製造・販売し、世界市場を席捲してしまった。もし、ある技術を考案した企業が、その核となる技術を特許化せず（つまり公開せず）に秘匿化する戦略をとっていれば他社はその技術を模倣できないため、他社にその市場を奪われなかったかもしれない。

本付録では、研究者・技術者が知っておくべき、発明における知的財産戦

略を概説する。

C.1 特許化の利点と欠点

特許化する利点と欠点(問題点)は以下の通りである。

利点:
1. 権利化した技術を権利者の断りなく模倣した企業や個人に対して、販売の差し止めや賠償を請求することができ、当該市場への他者の参入を阻止できる。
2. 権利の使用を他者に許可して許諾(ライセンス)料を得たり、譲渡により譲渡料を得ることによって、事業収入の拡大につなげる。
3. 自身の特許と相手の持つ特許を相互に利用しあう相互ライセンス契約により、他者の特許を自由に利用できる。これによって、自身の強みと他者の強みを組み合わせた事業展開が可能となる。
4. 技術力を誇示できるため、自身の信用向上につながる。

欠点:
1. 出願された技術はその出願を取り下げない限り、特許公報により公開されてしまい、そのアイデアが他者の参考となる。特許公報は現在、自由にアクセス可能なWebサイトで検索可能である[2]。
2. 特許出願しても、審査により拒絶される可能性がある。審査請求により拒絶された場合、その発明を生み出すために研究開発で投資した経費が水泡に帰す恐れがある。
3. 他者の模倣を監視する体制の構築・維持に多大な経費を必要とする。
4. 模倣が疑われる他者の製品を入手し解析しても、特許権の侵害を立証することが困難である(すなわち監視性が低い)場合も多い。例え

---

1) 意匠や商標のような、他者に模倣されやすく商品の売り上げや企業の信用に直接的につながりやすい知的財産については、事業上の費用対効果を考慮の上、秘匿化することなく権利化することを推奨する。
2) 特許情報プラットフォーム https://www.j-platpat.inpit.go.jp/ へのアクセスにより、特許・実用新案、意匠、商標の検索や明細書等の詳細な技術情報を入手できる。

ば、ソフトウエアのアルゴリズムの解析は困難である。
5. 属地主義により、特許を取得していない他国で、あきらかに特許を侵害して製造・販売された場合、特許権を主張できない(注13.2参照)。

   これを解決するためには、権利を保持したい国すべてで、特許化しておく必要がある。外国での特許申請には、出願国の法制度(言語や様式等)にあわせて特許明細書を作成しなおす必要があるため、多大な経費を伴う。
6. 特許権の維持管理にも、多大な経費が必要である。さらに一定の期間が経過するとその権利は消失する。このため、特許期間を通して得られる利益を超える維持経費がかかる場合もある。

C.2 特許化と秘匿化

前節の考察より、以下が導かれる。

- 解読が困難つまり模倣されにくい技術については、特許化せずに秘匿化する戦略が、時と場合により有効である。
- 解読が容易であるが事業上の費用対効果が高く、さらに特許化できる可能性が高い技術については、特許化することが望ましい。

よって、特許化と秘匿化の戦略の指針は図C.1のように示される。

秘匿化戦略を採っても、秘匿した情報が公知になってしまうと、その情報は特許にできないというリスクを負う。したがって、次に示す秘密情報管理が必要となる。

1. 秘密情報の重要度に応じて、管理の厳しさのレベルを設ける。
2. 秘密情報を記した媒体には管理レベルを記載し、このレベルごとに適切に管理する。
3. 最も重要な秘密情報(特殊製法のノウハウや個人情報等)については、「門外不出」の厳重な管理(つまり厳秘)を行う。
4. 共同研究の開始前の事前交渉等で、さほど重要ではないが秘密であ

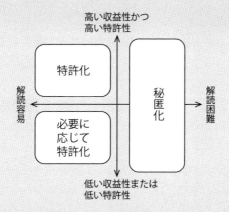

図 C.1 特許・秘匿化戦略の指針

る情報を相手側に提供する必要がある。この場合には、相手方と「守秘義務契約」を締結した上で秘密情報を開示する。

秘密情報管理の指針については、営業秘密の保護を狙った不正競争防止法の所管省庁である経済産業省の Web サイト[86]に公開されているので、興味のある読者は参照して欲しい。

注 C.1　一定期間秘匿化後に特許化する戦略

一定期間秘匿化し、秘匿化している技術より優れた技術を考案した時、古い技術を特許化し、より優れた技術の方を秘匿化する戦略もある。この戦略は情報セキュリティー分野の技術に有効である。

注 C.2　国際標準化戦略

特許の無償公開により市場を拡げ、後発他社がその無償特許を使って製品化するまでに、先行者利益を得る戦略もある。その典型例が国際標準化戦略である。自社技術が国際標準化されれば、その技術が急速に世界中に普及し、それに応じて自社製品の売り上げが伸びる可能性がある。

しかし、国際標準化された技術を用いた製品が汎用品(コモディティー：commodity)化すると、価格競争に陥り、人件費の安い新興国に

市場を奪われてしまう。

このように国際標準化戦略は「諸刃の剣」であることを肝に銘じておかなければならない。

例 C.1　特許の無償公開の事例

トヨタ自動車は 2015 年 1 月に、同社が持つ約 570 件の燃料電池車の特許をすべて無償公開すると発表した。競合他社は、無償特許の利用により研究開発費を投資することなく燃料電池車を生産できる。これにより、燃料電池車の価格は低く押さえられる。結果的に、他の省エネ車種に対する競争力が増して、燃料電池車の市場拡大が期待される[3]。

パナソニックは 2015 年 3 月に、IoT 分野（例 9.2 参照）の特許約 50 件を無償公開すると発表した。これも IoT 分野の市場拡大を狙っている。

筆者としては、トヨタ自動車やパナソニックは核となる独自技術を秘匿化する知的財産戦略をとっていると推測している。

---

[3] トヨタ自動車による燃料電池車の特許戦略の考察については、書籍 [42, pp. 66-68] が詳しい。

付録 D

論文での概要の書き方

論文では概要を記載することを述べた(12.4.2節参照)。概要の文字数は、高々300字程度である。このような制約の中で、自己完結した概要にするためには工夫が必要である。

論文の概要には、明確な執筆の指針がある(例えば[34, pp. 61-65], [87, pp. 91-97]参照)。本付録では概要の作成方法を解説する。

D.1 概要の目的

読み手は主に、以下のために概要を利用する。

- 自分の読むべき論文を取捨選択するため
  ICTの進展によって大量の情報が溢れているため、研究者・技術者はその中から読むべき対象を取捨選択しなければならない。そのために、読み手は、本文を読む前に概要に目を通し、自分の興味分野と合致するかを判断する(図1.7参照)。
- 論文の内容を効率よく理解させるため
  読み手は、最初に概要を読むことによって、本文の全体像を把握する。これによって、本文を読む際の理解を促進できる。

D.2 概要に記載する要素

前述の目的を達成するために、概要には、論文の本文に記載されている以下の要素を、簡潔・明瞭に記述する必要がある。

主題：本論文での主張点は何か、すなわち「what」の内容
背景：本論文で取り上げた研究課題で未解決の問題点は何か、すなわち「why」の内容
解決方法：問題点を解決するために、何をどのように行ったのか、すなわち「how」の内容
結果：研究を通してどのような効果が明らかとなったか、すなわち有効性の内容

D.3 注意事項

以下、概要を作成する上での注意事項を説明する。

- 広く使われていない用語・記号・略語
  広く使われていない用語、記号、略語は、本文中でその説明がされているとしても、概要自体の中で定義を与えない限り、使わない方が良い。略語については、正式名を併記することを推奨する。
- 主題文の位置
  背景や目的の次に主題を記載している概要をしばしば見受ける。主題文は通常、パラグラフの先頭に置くことから、概要においても主題文を先頭に置くことを推奨する(4.1.3節参照)。
- 引用
  本文の図表や参考文献を引用している概要を時に見かける。読み手は、概要を読む段階で、本文や参考文献をまだ読んでいない。このため、概要は引用せずに記述すべきである。
- 時制
  概要での文章の時制は、注10.1で述べたように、科学・技術の分野や記述言語に依存する。電子情報通信系の論文での概要は、慣習的に現在形で記述する。ただし、その中で当該の論文以前の「過去に行われた」研究活動について記述する場合には、過去形を用いても良い。

注 D.1　科学技術英文での概要の時制

　時制を明確に使い分ける傾向がある英文の概要では、各文の位置づけにより現在形と過去形を使い分けている（[77, pp. 70-71]、[88, p. 2]参照）。

　例えば、「This paper proposes … （本稿は、… を提案する）」、「The purpose of this paper is to … （本稿の目的は … である）」のように、本稿に関する事象を表現する場合は、現在形の時制が用いられる。一方、「In this research, we analyzed … （本研究では、… を解析した）」、「The purpose of this research was to … （本研究の目的は、… であった）」のように、「過去に行われた」事象を表現する場合は、過去形の時制が用いられる。

例 D.1　概要の例

　概要の例を図 D.1 に示す。

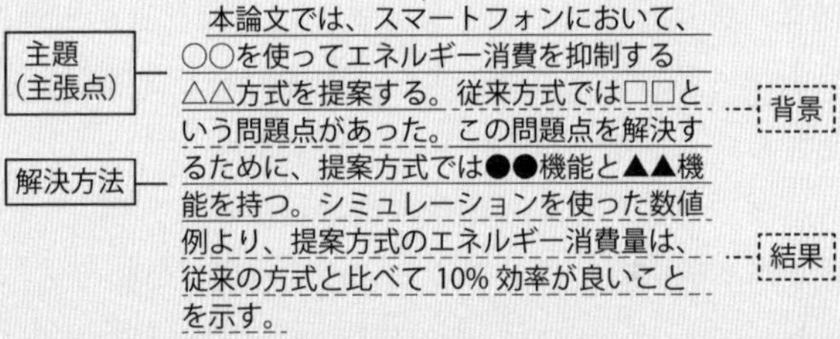

図 D.1　概要の例

　【解説】　図 D.1 の概要の流れは、「主題 → 背景 → 解決方法 → 結果」である。主題文を先頭に置くことによって、読み手は概要の全文を読むことなく主張を理解できる。

　時制については、過去に行われた研究活動に言及している背景の文を除いて現在形を使っている。

付録E

ポスター発表

　プレゼンの方法は、第11章の前書きで説明したように口頭発表とポスター発表とに大別される。口頭発表については、第11章で説明した。本付録では、ポスター発表について口頭発表と比較しながら概説する。

E.1　ポスター発表と口頭発表の比較

　ポスター発表と口頭発表の比較を表E.1に示す。

　発表者は通常、投稿時にポスター発表または口頭発表かを選択できる[1]。表E.1に示したように、多くの聴講者との直接の密な質疑応答を通して多数のコメントをもらいたい場合は、ポスター発表が適している。

　ただし、ポスター発表の位置づけや評価は口頭発表と比べて低い。例えば、予稿集で掲載される内容は表題、著者名、所属機関名、概要のみとなる場合が多い。

表 E.1　ポスター発表と口頭発表の違い

	ポスター発表	口頭発表
形態	自身の発表するポスターの前に立ち、ポスターが見える範囲に集まった聴講者に発表する。同一会場で複数の発表者が同時進行で行う	ステージに立ち、着席した聴講者の前で、視聴覚ツールを使って発表する
座長の有無	通常、存在しない。個々の発表者の裁量で進める	あり
発表時間	聴講者の興味にあわせることができる。セッション時間内なら、異なる聴講者に対して何回でも繰り返し発表できる	セッション内で講演時間・質疑応答時間が定められている。直列の順番で1回だけ講演する
発表の流れ	聴講者が集まった段階で口頭発表と同様に説明を行い自由に議論をする形式と、特に説明はせずに聴講者の質問に答える形式の両方が可能である	「背景と目的→…→まとめ」のような筋道に従って説明する
提示物・参照物	主催者が用意するパネルに収まるサイズのポスターと予稿集。製作物やパンフレットも展示可能である	スライド集と予稿集
製作経費	口頭発表に比べてポスター自作経費分だけ高い	電子製作で済むため低い
発表終了後の再利用	研究室内等に常時掲示できる等、再利用可能である	スライド集は、他の機会にも（多少の編集で）再利用可能である

E.2 ポスターの構成

　ポスターの様式は通常、主催者から指定されるので、これに従えばよい。ポスターの構成例を図 E.1（次ページ）に示す。ポスターは、第 10 章で説明した学会発表予稿を A0 サイズに置き換えたイメージである。

　ポスター作成上の注意点を次に示す。

- 発表者による口頭での説明がなくても、聴講者が見ただけで発表の内容が理解できる筋道や内容にする。
- 第一印象の見栄えが良いほど、多くの聴講者が興味を持つ。適切な文

---

1) 口頭発表を希望しても、口頭発表者数の制限や査読結果により、ポスター発表に（投稿者の同意のもとに）変更になる場合もある。

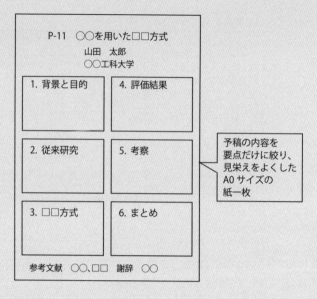

図 E.1　ポスターの構成例

字の大きさ・余白や図表の使用等により、見栄えを工夫する。

E.3 発表での注意事項

ポスター発表では、表 E.1 に示したように、発表者自身が進行を管理する等の口頭発表と異なる点が多い。よって、ポスター発表を効果的な機会とするためには、口頭発表での注意事項(第11章参照)に加えて、留意しなければならない点がいくつかある。

ポスター発表で、特に注意すべき点を以下に示す。

- 大きな声でメリハリのある説明をする。

    他の複数の発表が同時進行するため、会場の騒音レベルは高い。少なくとも集まってくれた聴講者全員に、声が届くように心掛ける。
- 聴講者全体に対応する。

    聴講者の興味と反応に合わせて柔軟に対応する。しかし、特定の一

人との議論を延々と続けたり、知り合いの人との会話モードに入ってしまうことは、他の聴講者を無視することになる。さらに、自分の好みで議論の相手を選別するようなことは避けねばならない[2]。

---

2) 逆に、聴講者から見ると、話し手に上記のようなことを強いてしまう行動は避ける必要がある。

参考文献

［1］ 木下是雄：『理科系の作文技術』，中公新書(1981 年)．

［2］ 総務省：「ICT の進化が雇用と働き方に及ぼす影響に関する調査研究」(2016 年 3 月)．
http://www.soumu.go.jp/johotsusintokei/linkdata/h28_03_houkoku.pdf
(参照日：2017 年 3 月 30 日)．

［3］ 永山嘉昭：『［ポイント図解］報告書・レポートが面白いほど書ける本』，中経出版(2013 年)．

［4］ J. Enriquez: "Your online life, permanent as a tattoo"(2013 年 2 月)．
https://www.ted.com/talks/juan_enriquez_how_to_think_about_digital_tattoos
(参照日：2017 年 8 月 20 日)．

［5］ メアリ・K・マカスキル：『NASA に学ぶ 英語論文・レポートの書き方——NASA SP-7084 テクニカルライティング』，共立出版(2012 年)．

［6］ 黒木登志夫：『知的文章とプレゼンテーション——日本語の場合，英語の場合』，中公新書(2011 年)．

［7］ 中山裕木子：『技術系英文ライティング教本——基本・英文法・応用』，日本工業英語協会(2009 年)．

［8］ OECD: "Frascati Manual 2015: Guidelines for Collecting and Reporting Data on Research and Experimental Development", OECD Publishing(2015)．

［9］ 池川隆司：「オープンイノベーション時代における産学連携」，『電子情報通信学会会誌』，**94**, pp. 573-578(2011 年 7 月)．

［10］ 東京大学教養学部 ALESS プログラム：『Active English for Science：英語で科学する——レポート，論文，プレゼンテーション』，東京大学出版会(2012 年)．

［11］ 池川隆司：「ビット誤り率推定装置およびビット誤り率推定方法」．特許 5431254 号，登録日：2013 年 12 月 13 日，出願日：2010 年 6 月 25 日．

［12］ 科学技術振興機構：「成果集 2014」(2014 年 3 月)．
http://www.jst.go.jp/seika/pdf/seika2014.pdf
(参照日：2015 年 3 月 16 日)．

［13］ 池川隆司：「数学・数理科学分野の若手研究者のキャリアパス構築に向けて——日本数学会における産学連携を通した支援活動」，文部科学省数学イノベーション委員会招聘講演(2014 年 5 月)．
http://www.mext.go.jp/b_menu/shingi/gijyutu/gijyutu17/002/shiryo/__icsFiles/afieldfile/2014/08/19/1351030_04.pdf
(参照日：2014 年 9 月 18 日)．

［14］ 『朝日新聞』朝刊：「青色 LED 3 氏ノーベル賞」(2014 年 10 月 8 日)．

［15］ 「第 6 回理事会」，『電子情報通信学会会誌』，**100**, 3, pp. 238-239(2017 年 3 月)．

［16］ NTT ドコモ：「らくらくホン ベーシック 4：かんたん操作ガイド F-01G」(2014 年 9 月)．
https://www.nttdocomo.co.jp/binary/pdf/support/trouble/manual/download/f01g/F-01G_J_OP_01.pdf
(参照日：2017 年 9 月 17 日)．

［17］ 国立国語研究所「外来語」委員会：「「外来語」言い換え提案——分かりにくい外来

語を分かりやすくするための言葉遣いの工夫」(2007 年 6 月).
http://pj.ninjal.ac.jp/gairaigo/
（参照日：2017 年 9 月 17 日）.

[18] R. Shiras and S. Smith: "Paragraphs Writing Made Easy!", Schlastic Inc(2001 年).
[19] 「古典・最新テクニックから厳選！ 回り道せずに結論が出せる！「思考整理法」大辞典」,『日経ビジネスアソシエ』2017 年 4 月号, pp. 36-41(2017 年 3 月).
[20] 宮古環：『SE 一年目のための仕様書の書き方』, 秀和システム(2014 年).
[21] 浅岡伴夫：『SE・製造技術者・理工系学生のための技術文書の作り方・書き方』, シーエーピー出版(2006 年).
[22] スティーブン・コヴィー：『7 つの習慣』, キングベアー出版(1996 年).
[23] 野田宜成：『こいつできる！ と思われるいまどきの「段取り」』, 日本実業出版社(2016 年).
[24] 平木典子：『アサーションの心──自分も相手も大切にするコミュニケーション』, 朝日新聞出版(2015 年).
[25] 佐藤雅昭：『なぜあなたは論文が書けないのか？』, メディカルレビュー社(2016 年).
[26] 水野修：「学生, 若手研究者向けの論文の書き方術──システム開発・ソフトウエア開発論文編」,『電子情報通信学会通信ソサイエティマガジン』, 7, 1, pp. 59-63(2013 年).
[27] 間瀬茂：「数学記号とギリシャ文字について」, 数学セミナー増刊『数学ガイダンス 2018』, pp. 154-157 (2018 年 3 月).
[28] 日本エディタースクール：『日本語表記ルールブック』(2012 年).
[29] 倉島保美：『論理が伝わる世界標準の「書く技術」』, 講談社ブルーバックス(2012 年).
[30] 日本評論社：「日評アーカイブズとは」.
https://www.nippyo-archives.jp/user_data/guide.php#about
（参照日：2017 年 9 月 15 日）.
[31] 名城大学：「1 月 27 日から国立科学博物館で「2014 年ノーベル賞受賞記念展」」(2015 年 1 月).
https://www.meijo-u.ac.jp/examinations/news/detail.html?id=1OsbBw
（参照日：2018 年 2 月 4 日）.
[32] 深尾百合子：『科学技術文を書くための基礎知識──「書き言葉」って？』, アグネ技術センター(2013 年).
[33] 小笠原喜康：『新版大学生のためのレポート・論文術』, 講談社(2009 年).
[34] 三島浩：『技術者・学生のためのテクニカル・ライティング 第 2 版』, 共立出版(2001 年).
[35] 天野浩, 赤﨑勇：「窒化ガリウム系短波長発光素子の最近の進歩」,『応用物理』, 63, 12, pp. 1243-1247(1994 年).
[36] 経済産業省：「参考資料 2：各種契約書等の参考例」.
http://www.meti.go.jp/policy/economy/chizai/chiteki/pdf/handbook/reference2.pdf
（参照日：2017 年 11 月 12 日）.
[37] 時実象一：『コピペと捏造：どこまで許されるのか, 表現世界の多様性を探る』, 樹村房(2016 年).

[38] 池川隆司:「2015年度「若手数学者のキャリア構築支援活動」報告──研究交流会2015と第5回キャリアパスセミナー開催模様」,日本数学会『数学通信』, **21**, 3, pp. 31-37(2016年11月).

[39] K. Takeshige, M. Baba, S. Tsuboi, T. Noda, and Y. Ohsumi: "Autophagy in yeast demonstrated with proteinase-deficient mutants and conditions for its induction", Journal of Cell Biology, **119**, 2, pp. 301-311(1992).

[40] S. Stevens: "On the Theory of Scales of Measurement", Science, **103**, 2684, pp. 677-680(1946).

[41] 倉永宏, 小林誠:『ネットワーク時代の知的財産権』, オーム社(未来ねっと技術シリーズ)(2001年).

[42] 鮫島正洋, 小林誠:『知財戦略のススメ──コモディティ化する時代に競争優位を築く』, 日経BP社(2016年).

[43] 平塚三好, 阿部仁:『図解入門ビジネス:最新ICT知財戦略の基本がよ〜くわかる本』, 秀和システム(2015年).

[44] 日本弁理士会:「弁理士費用(報酬)アンケート調査結果公表」.
http://www.jpaa.or.jp/howto-request/questionnaire/
(参照日:2017年9月24日).

[45] 横溝昇, 南部朋子, 南川麻由子, 氏家悠:『ポケット図解 著作権がよ〜くわかる本』, 秀和システム(2016年).

[46] 文化庁:「著作権登録制度」.
http://www.bunka.go.jp/seisaku/chosakuken/seidokaisetsu/toroku_seido/
(参照日:2017年10月14日).

[47] 「万国著作権条約」(1952年9月).
http://www.mext.go.jp/unesco/009/003/003.pdf
(参照日:2015年2月2日).

[48] 特許庁:「特許法第35条第6項の指針(ガイドライン)」(2016年4月22日).
https://www.jpo.go.jp/seido/shokumu/shokumu_guideline.htm
(参照日:2017年10月9日).

[49] 池川隆司:「研究インターンシップの持続的発展に向けて」,『電子情報通信学会会誌』, **93**, 6, pp. 509-511(2010).

[50] 足立浩平:「主成分分析と因子分析」,『数学セミナー』, 2015年7月号, pp. 69-75.

[51] 科学技術振興機構:「参考文献の役割と書き方」(2011年).
https://jipsti.jst.go.jp/sist/pdf/SIST_booklet2011.pdf
(参照日:2017年6月30日).

[52] 石黒圭:『この1冊できちんと書ける! 論文・レポートの基本』, 日本実業出版社(2012年).

[53] 東京大学教養学部:「期末レポートにおける不正行為について」(2015年3月10日).
http://www.c.u-tokyo.ac.jp/fas/huseikoui20150310.pdf
(参照日:2017年9月14日).

[54] 科学技術振興機構:「研究者のみなさまへ──研究活動における不正行為の防止について」(2014年7月).
http://www.jst.go.jp/researchintegrity/shiryo/pamph_for_researcher.pdf

(参照日：2014 年 9 月 18 日).

[55] 村松秀：「「史上空前の論文捏造」から考える科学の変容と倫理」,『電子情報通信学会会誌』, **90**, 1, pp. 2-3 (2007 年 1 月).
http://www.journal.ieice.org/conts/kaishi_wadainokiji/2007/200701.pdf
(参照日：2014 年 9 月 18 日).

[56] J. H. Schön, S. Berg, Ch. Kloc, and B. Batlogg: "Ambipolar Pentacene Field-Effect Transistors and Inverters", Science, **287**, 5455, pp. 1022-1023 (2000).
http://science.sciencemag.org/content/287/5455/1022
(参照日：2017 年 9 月 14 日).

[57] 富士ゼロックス四国株式会社：「スタッフが語る教室日記──カーボンコピー」.
http://www.fujixerox.co.jp/skx/product/event/dw/school/diary/diary_1004_judy.html
(参照日：2017 年 10 月 7 日).

[58] 『朝日新聞』朝刊：「「残業ゼロ午後 8 時に退庁」東京都の挑戦」(2016 年 10 月 14 日).

[59] 『日経プラスワン』：「怒りっぽい性格, 直したい：怒りの内容を記録・点数化」(2016 年 8 月 13 日).
https://style.nikkei.com/article/DGXKZO05982990S6A810C1W02001
(参照日：2017 年 9 月 22 日).

[60] 『日経プラスワン』：「ビジネスメール：好感度を上げるには」(2011 年 5 月 21 日).
https://style.nikkei.com/article/DGXZZO28905650Q1A520C1000000?channel=DF260120166506
(参照日：2017 年 9 月 22 日).

[61] 文部科学省：「数学イノベーション委員会 (第 16 回) 議事録」(2014 年 5 月).
http://www.mext.go.jp/b_menu/shingi/gijyutu/gijyutu23/002/gijiroku/1351055.htm
(参照日：2017 年 9 月 26 日).

[62] 『日本経済新聞』朝刊：「会議はサクサク」(2017 年 5 月 17 日).

[63] 日本数学会理事会：「数学の研究業績評価についての提言」(2002 年 11 月 29 日).
http://mathsoc.jp/proclaim/gyousekihyouka.pdf
(参照日：2017 年 10 月 16 日).

[64] 池川隆司：「数学・データサイエンス分野における産学連携教育の現状と課題」,『工学分野における理工系人材育成の在り方に関する調査研究報告書』(2017 年 3 月).
資料 4-4) 講演 4,
http://www.mext.go.jp/component/a_menu/education/detail/_icsFiles/afieldfile/2017/07/06/1387668_12.pdf
(参照日：2018 年 1 月 22 日).

[65] 郡健二郎：『科研費 採択される 3 要素：アイデア・業績・見栄え』, 医学書院 (2016 年).

[66] 菊間信良：「論文の書き方 (和文)」(2010 年 9 月).
http://www.ieice.org/~cs-edit/magazine/hp/kakikata/no1_txt.pdf
(参照日：2016 年 6 月 10 日).

[67] 池川隆司, 前田吉昭：「数学・数理科学専攻博士課程履修生のキャリアパス構築に向けて──日本数学会における産学連携を通した支援活動の試み」,『工学教育研究講

演会講演論文集』, pp. 280-281 (2014 年 8 月).

[68] T. Ikegawa and Y. Takahashi: "Sliding window protocol with selective-repeat ARQ: Performance modeling and analysis", Telecommunication Systems, **34**, 3-4, pp. 167-180 (2007).

[69] 池川隆司:「フレーム再送回数の測定値を用いたビット誤り率の最大尤度推定」,『電子情報通信学会ソサイエティ大会』, pp. B-11-1 (2010 年 9 月).

[70] 森村久美子:『使える理系英語の教科書:ライティングからプレゼン、ディスカッションまで』, 東京大学出版会 (2012 年).

[71] 長谷川修司:『研究者としてうまくやっていくには──組織の力を研究に活かす』, 講談社 (2015 年).

[72] 電子情報通信学会:「電子情報通信学会和文論文誌投稿のしおり(通信ソサイエティ)」.
https://www.ieice.org/jpn/shiori/cs_1.html
(参照日:2017 年 12 月 11 日).

[73] T. Ikegawa: "Performance Modeling and Analysis of Selective-Repeat Sliding Window Protocols for Wireless Networks", PhD thesis, Tokyo Institute of Technology (2008).
http://topics.libra.titech.ac.jp/recordID/catalog.bib/TT00009093
(参照日:2017 年 12 月 5 日).

[74] vitae: "Researcher development framework" (2011 年 4 月).
https://www.vitae.ac.uk/researchers-professional-development/about-the-vitae-researcher-development-framework
(参照日:2017 年 12 月 11 日).

[75] 池川隆司:「数学履修生のキャリアとそのデザイン」, 数学セミナー増刊『数学ガイダンス 2018』, pp. 176-181 (2018 年 3 月).

[76] 科学技術・学術審議会人材委員会:「博士人材の社会の多様な場での活躍促進に向けて──"共創"と"共育"による「知のプロフェッショナル」のキャリアパス拡大(これまでの検討の整理)」(2017 年 1 月 16 日).
http://www.mext.go.jp/b_menu/shingi/gijyutu/gijyutu10/toushin/1382233.htm
(参照日:2017 年 12 月 5 日).

[77] エディゲージ:『英文校正会社が教える英語論文のミス 100』, ジャパンタイムズ (2016 年).

[78] T. Ikegawa, Y. Kishi, and Y. Takahashi: "Data-unit-size distribution model when message segmentations occur", Performance Evaluation, **69**, 1, pp. 1-16 (2012).

[79] 新津善弘, 菊間信良:「学生, 若手研究者向け論文書き方術」,『通信ソサイエティマガジン』, 4, pp. 36-43 (2008 年 3 月).
http://www.ieice.org/~cs-edit/magazine/hp/kakikata/jronbun.pdf
(参照日:2015 年 6 月 10 日).

[80] 朝香卓也:「論文の書き方術(番外編)──査読報告書の書き方, 条件付き採録時の回答文の書き方」,『電子情報通信学会通信ソサイエティマガジン』, **2009**, 9, pp. 54-59 (2009 年).

[81] 岡村寛之:「マルコフ連鎖の極限推移確率と Web リンク解析」,『オペレーション

ズ・リサーチ：経営の科学』, **54**, 12, pp. 739-743(2009).

[82] 工業所有権情報・研修館：「特許出願書類の書き方ガイド：書面による出願手続について」.
http://www.inpit.go.jp/blob/archives/pdf/patent.pdf
(参照日：2017年12月18日).

[83] 特許庁：「出願の手続」.
第二章特許出願の手続 第六節特許願・特許請求の範囲・明細書・図面・要約書の具体的な作成例.
https://www.jpo.go.jp/cgi/link.cgi?url=/shiryou/kijun/kijun2/syutugan_tetuzuki.htm
(参照日：2017年6月6日).

[84] 大浜庄司：『2015年改訂対応完全図解 ISO9001の基礎知識140』, 日刊工業新聞社 (2016年).

[85] 小川紘一：『オープン＆クローズ戦略 日本企業再興の条件 増補改訂版』, 翔泳社 (2015年).

[86] 経済産業省：「営業秘密――営業秘密を守り活用する」.
http://www.meti.go.jp/policy/economy/chizai/chiteki/trade-secret.html
(参照日：2017年8月20日).

[87] 野村俊夫：『報告書作成法――技術者必携! 読み手をうならせる』, 日刊工業新聞 (1999年).

[88] R. Cowell, 錦華：『マスターしておきたい技術英語の基本――決定版』, オーム社 (2015年).

あとがき

　本書では、技術文書の作成やプレゼンのための技法（メソッド）やルールを網羅した。その技法やルールの説明にあたっては、できる限り根拠を示すように努めた。

　しかしながら、明確な根拠が見たらず慣習的に使用されている技法・ルールも少なくない。慣習的とはいえ、その背後には何かの理(ことわり)があると推察される。

　今後の課題は、この理を解明することである。なぜなら、「なぜそうするのが良いのかの理」を理解した上で文章を書くことによって、読み手から違和感を指摘された時、それに対して理論的に反駁でき、その結果、読み手の納得感を向上させるからである。さらに、理にかなった技法・ルールほど身に付き、成長の糧(かて)となりやすいからでもある。

　さて、本書を執筆している時、囲碁・将棋の世界では、進展が著しいAI（人工知能）が世界や日本のトッププロ棋士を破ったことが世間を騒がせた。本書で述べた技法やルールを学習したAIが、読み手の要件に応じた技術文書を即座に作成してしまう、つまり技術文書作成の分野でのシンギュラリティ（技術的特異点：technological singularity）を迎えるのも、時間の問題かもしれない。

　文書作成は、動物の中で「人間」にしかできない知的かつ創造的活動である。シンギュラリティの時代を迎えたとしても、文書作成という人間固有の創造的活動を疎(おろそ)かにしてはならない。

　本書の読者には、この創造的活動の持続的な研鑽を切に期待したい。本書がその一助になれば「この上ない喜び」である。

　筆者の若き時代から公私ともどもに叱咤激励を頂戴している東京大学名誉教授吉田眞氏には、「査読者」として、本書を隅々まで読んでいただき、有益なコメントをいただきました。特に、同氏とは、上述した個々の技法・ルー

ルの「根拠」について熱い議論をさせていただきました。吉田眞氏には厚く御礼を申し上げます。

さらに、筆者に蓄積された暗黙知の「書籍」による形式知化の申し出に対し、ご快諾いただくとともに、懇切丁寧に編集いただいた日本評論社大賀雅美氏に感謝いたします。

最後に、この世に生を授けてくれた父博巳（2016年11月に御霊）と母松江に、そして常日頃心のやすらぎと生きる喜びを与えてくれる妻芳美、息子優太と健太に、心からの感謝を捧げます。

索引

●記号・数字・アルファベット
：……079
「〜だ」体……056
「3C＋L」ルール……011
5W1H……023, 034
6W4H……034, 137, 218
Abstruct……153, 175
Act……218
Bcc……122
Cc……121
Check……218
Clear……012, 053
Concise……012, 067
Conclusion……175
Copyright……110
Correct……011, 053
Discussion……175
Do……218
IMRaD……017, 174
Introduction……174
ISO9000 シリーズ規格……219
KISS……181
KPI……218
$\LaTeX$……049
Logical……012, 067
Methods……174
PDCA サイクル……016, 033, 048, 050, 198, 217
Plan……218
PL法……010
PREP法……071
References……175
Results……174
Summary……153
TED……008
TPO……128
Web ページの引用……116
Wikipedia……116
Win-Win……131

●あ行
アイコンタクト……186
アウトライン……049
アサーション……042
アジャイル……033
宛先……120
アニメーション……188
アンガーマネージメント……126
暗黙知……006
怒りの制御……126
意見……147
維持管理……052
意匠……230
一パラグラフ一主題……069, 129, 181
一文一義……076, 201
因果関係……227
インターンシップ……111, 155
引用……098, 112, 146
ウォーターフォール……033
営業秘密……105
エグゼクティブサマリー……153
エレベータピッチ……039
演繹法……228
円グラフ……089
エントリーシート……031
応用研究……013
オーサーシップ……169
オープンイノベーション……021
「行い」言葉……083
折れ線グラフ……089

●か行
会議報告書……025
改竄……117
回答文……204
開発……013
外部文書……015
概要……202, 235
会話言葉……059
書き言葉……059
箇条書き……079
仮説検証型……149
カタカナ語……028
学会発表……159
学会発表予稿……018

カバーレター……203
関係図……089
簡潔……011
間接引用……113
キーワード……073, 171, 183
議事次第……134
記述記号……063
技術文書……009
起承(承)結……011
起承結……166
起承転結……011
議事録……024, 025, 132, 135
議事録署名人……025
議事録作成者……135
基礎研究……013
議長……134
帰納法……229
基本形……011, 016
基本的人権の尊重……084
脚注方式……114
キャプション……095
キャリア……222
キャリアデザイン……222
巨人の肩の上に立つ矮人……097
拒絶査定……210
拒絶理由……211
グラフ……089
形式知……003, 006
敬体……055, 174
結論……173
結論文……071
ゲラ刷り……052
研究……012
原著論文……193
件名……122
公開特許公報……209
考察……147
校正……052
口頭発表……177, 238
広報……052
呼応……053
国際標準化戦略……233
誤植……051
コミュニケーション……002

コロン……079
コンクルーディングセンテンス……070
今後の課題……151

●さ行

再現性……201
採録率……198
差出人……120
座長……134
査読……164
査読付論文……018, 193
サポーティングセンテンス……070
産学協働……021
産業財産権……104
参考文献……116
散布図……089
司会……134
時間順……226
指示語……060
事実……145
事実／根拠……227
支持文……070
時制……175
質疑応答……188
執筆……049
執筆者……078
実用新案……230
死の谷……016
自前主義……021
謝辞……174, 183
写真……089
修飾語……060
従属請求項……214
重要業績評価指標……218
主観的……147
主題文……070, 236
受動態……061
順序付け……081
常体……055
商標……230
情報セキュリティー……127, 233
情報の収集……048
情報の取捨選択……048
所感……148

251

書記……134
職務著作……108, 110
職務発明……110
所属機関名……170
署名……123
序論……171, 202
人感万事塞翁が馬……225
新規性……098, 201, 207
進行役……134
人名の表記……077
信頼性……201
推敲……049, 125
スタイルファイル……049
スマートフォン……101
正確……011
請求項……212
セミコロン……079
セレンディピティー……163, 225
先願主義……020
先行研究……203
属地主義……208, 232
ソフトウエア特許……206
存続期間……105, 211

●た行

ダーウィンの海……016
体言止め……054
立ち位置……187
段落……028
知的財産……100
知的財産権……100
知的財産戦略……230
知的財産法……100
調査報告書……152
直接引用……113
著作権……104, 106
著作者人格権……105, 109
著作物……106, 230
著者名……169, 202
積み上げ棒グラフ……089
強い特許……208
データサイエンス……096
データ全集型……149
テクニカルイラストレーション……089

デジタルタトゥー……008, 119, 125
転載……115
電子メール……120
テンプレートファイル……049
問い合わせ先……041, 202
同義語……081
東京オリンピックエンブレム……103
読点……062
独創性……098, 207
特許異議申立……211
特許公報……209
特許無効審判……211
特許明細書……013, 019, 205
トピックセンテンス……070
トランスファラブルスキル……196
取扱説明書……025

●な行

内部文書……015
二重投稿……117
捏造……117
の……082
能動態……061, 077
ノンアルコールビール……102

●は行

バウンスバック特許……103
博士号……195
発見……206
発明……206, 230
パラグラフ……028, 029, 201
パラグラフ分け……067
万国著作権条約……109
凡例……095
ヒストグラム……091
ビッグデータ……096
秘匿化戦略……106
秘密情報管理……232
表……093
剽窃……117
表題……168
評論文書……010
ファシリテータ……134
プレゼンテーション……177

付録……203
文芸文書……010
文才……011
文書作成計画……039
並列法……056
弁理士……020, 215
棒グラフ……089
報告書……144
報道文書……010
ホウレンソウ……071, 144
ポスター発表……177, 238
本文……122
本論……173

●ま行
また……082
魔の川……016
見出し……027
ミニ論文……158
明瞭……011, 065
メンバー……134
目次……183
モジュール……026

●や行
優位性……207
有効性……201
優先順位付け……040
優先性……099
要件定義……033, 036
予行演習……189

●ら行
リード文……022, 023, 182
リスト方式……114
略称……084
了解性……201
量的データ……086
例示……226
レーザーポインター……187
レーダーチャート……089
レター……193
論文……017
論理的……012

●わ行
矮人……097

●著者紹介
池川隆司（いけがわ・たかし）

1962年愛媛県松山市生まれ。1987年名古屋工業大学大学院博士前期課程修了後、
日本電信電話株式会社入社。2008年東京工業大学大学院博士後期課程修了。
現在、東京大学数理キャリア支援室キャリアアドバイザー、
早稲田大学研究院客員教授、神奈川工科大学非常勤講師、
株式会社アルテ技術顧問。
専門は、産学協働による人材育成方法論、
情報通信システム・行動履歴の確率モデリング。
電子情報通信学会（シニア会員）、日本オペレーションズ・リサーチ学会、
日本工学教育協会の各会員。博士（理学）。

●査読者紹介
吉田 眞（よしだ・まこと）

現在、東京大学名誉教授、TMForum Distinguished Fellow/Ambassador、
CSA-JC（会長）、JNSA（顧問）、JMOOC（監事）、IMS-JS（監事）、
総合教育研究財団（理事）等のほか、諸団体の役員、顧問。
IEEE、電子情報通信学会（フェロー）、情報処理学会、日本工学教育協会、
日本工学アカデミーの各会員。
工学博士（東京大学、1989）、日工教特別教育士。

研究者・技術者のための文書作成・プレゼンメソッド

2018年3月30日　第1版第1刷発行

著者	池川隆司
発行者	串崎 浩
発行所	株式会社　日本評論社
	〒170-8474　東京都豊島区南大塚 3-12-4
	電話　（03）3987-8621［販売］
	（03）3987-8599［編集］
印刷	株式会社　精興社
製本	井上製本所
装丁	STUDIO POT（山田信也）

Copyright © 2018 Takashi Ikegawa.
Printed in Japan
ISBN 978-4-535-78849-7

JCOPY　〈（社）出版者著作権管理機構　委託出版物〉
本書の無断複写は著作権法上での例外を除き禁じられています。複写される場合は、そのつど事前に、（社）出版者著作権管理機構（電話：03-3513-6969, fax：03-3513-6979, e-mail：info@jcopy.or.jp）の許諾を得てください。
また、本書を代行業者等の第三者に依頼してスキャニング等の行為によりデジタル化することは、個人の家庭内の利用であっても、一切認められておりません。